中国大城市道路交通发展研究报告
——之四

Research Report of Metropolis' Road Traffic Development in China（Ⅳ）

公安部道路交通安全研究中心　编

中国建筑工业出版社

本书中地图的审图号为：GS(2018)95号

图书在版编目(CIP)数据

中国大城市道路交通发展研究报告——之四/公安部道路交通安全研究中心编.—北京：中国建筑工业出版社，2018.4

ISBN 978-7-112-21877-6

Ⅰ.①中…　Ⅱ.①公…　Ⅲ.①大城市-城市道路-交通运输发展-研究报告-中国-2013　Ⅳ.①TU984.191

中国版本图书馆CIP数据核字(2018)第036700号

本书是公安部道路交通安全研究中心继2015年首次推出"中国大城市道路交通发展研究报告"后，继续跟踪分析我国36个大城市（直辖市、省会城市和计划单列市）道路交通状况，如今已是第四年。书中以数据分析的形式，从城市社会经济发展，车辆、驾驶人保有和增长，道路交通执法，道路交通安全，公共交通发展，城市交通管理政策与措施、交通警察队伍情况等方面对2016年的城市道路交通发展进行了回顾和分析。

本书可作为城市规划、交通规划及交通管理部门的决策者及专业技术人员参考使用，也可作为高等学校交通规划、交通管理等相关专业高年级学生参考用书。

责任编辑：张文胜

责任校对：焦　乐

中国大城市道路交通发展研究报告——之四
公安部道路交通安全研究中心　编

*

中国建筑工业出版社出版、发行（北京海淀三里河路9号）
各地新华书店、建筑书店经销
北京佳捷真科技发展有限公司制版
北京缤索印刷有限公司印刷

*

开本：787×960毫米　1/16　印张：18　字数：258千字
2018年4月第一版　　2018年4月第一次印刷
定价：92.00元
ISBN 978-7-112-21877-6
（31792）

本书编委会

主　　审：尚　炜
主　　编：戴　帅　刘金广
参编人员：李翔敏　赵琳娜　闫星培　褚昭明
　　　　　朱新宇　朱建安　李金刚　巩建国
　　　　　赵洹琪　杨念念

前　言

　　党的十九大作出了中国特色社会主义迈入新时代的重大政治判断，指出了新时代我国社会主要矛盾是人民日益增长的美好生活需要和不平衡不充分的发展之间的矛盾。这个历史性定位，深刻回答了我国经济社会发展所处的新征程，也深刻阐明了我国城市交通发展所处的新阶段。

　　城市道路交通是交通管理体系中供需矛盾最为紧张、出行结构最需优化、路权博弈最为突出的领域。过去五年，我国城镇化率年均提高 1.2 个百分点、8000 多万农业转移人口成为城镇居民，这不是一组数据那么简单，意味着城市需要更强大的承载能力和更普惠的公共服务作为支撑，而城市交通首当其冲。

　　中国特色社会主义进入新时代，人民美好生活需要日益广泛，不仅对物质文化生活提出了更高要求，而且在法治、公平、正义、安全等方面的要求日益增长，群众对交通安全管理提出了内涵更广、层次更高、体验更佳的新需求。安全、有序、畅通是道路交通管理工作的核心，也是平安中国建设的应有之义。随着城市生活水平不断发生变化和提升，城市安全文明畅通也成为群众的企盼与渴求。目前，53 个城市汽车保有量超过 100 万辆❶，到 2020 年，预计将有 70 个城市的汽车超过百万辆。但是，城市交通基础设施建设、公共交通发展及管理工作仍然比较滞后，大城市交通拥堵、出行难、停车难等城市病突出，并向中小城市发展蔓延，导致通行效率下降、运行成本增加、出行时间延长、环境污染加重，影响市民生活质

---

　　❶ 本书内所列数据暂不包含香港特别行政区、澳门特别行政区和台湾省。

4

量和城市品质形象，影响群众幸福感。

经济社会发展新形势催生新业态、新模式，人民群众出行需求发生深刻变化，出行体验从追求可达性到便捷性再到舒适性，办事服务从追求经济成本到时间成本再到品质体验。群众办事更加重视服务品质，要更加舒适、更有尊严，更愿意使用新技术，体验新的个性化的生活方式，需要我们提供更加公平公正、更具时代气息的交通服务，群众期盼能够更好地享受多元新型交通出行方式、多样货物流动的便捷服务，解决出行的"最后一公里"。

目前，北京、上海、广州、深圳等超大、特大、大城市，已经步入汽车社会，交通拥堵、行车难、停车难等"城市病"尤为突出，对城市交通规律的认识也更加深刻，优化城市布局与路网，强化交通需求管理、充分利用科技手段创新改革勤务与执法、推动交通结构的优化，精准发力、精细管理、精密施策，力争"以序保畅"的任务异常艰巨；而中小城市和农村地区处在汽车迅速增长的发展期，农村地区每年新增机动车超过1000万辆，中西部地区机动车增速已远远超过东部地区，平均增速超过30%，但是县乡交通管理工作在基础设施建设、警力装备配置、管理服务效能等方面存在明显短板，亟需学习大城市走过的发展历程，吸取并借鉴经验教训，夯实交通管理根基，快速提升诊断能力和科学化管理水平。

各个地区城市交通尚处于不同的发展阶段，面临不同的交通管理风险和压力，这就更加考验交通管理发展统筹推进、综合布局的战略智慧，更加考验交通管理政策梯度化、差别化的适应能力，更加考验交通管理服务公平高效、以人为本的发展定力。在中国特色社会主义迈入新时代的历史方位下，城市交通发展面临的挑战和机遇并存，需要准确把握新形势新挑战，抓住关键环节，主动承担起新时代赋予的历史使命。

目 录

第1章 绪 论

改革开放以来，我国经历了世界历史上规模最大、速度最快的城镇化进程，城市规模急剧扩张，人口快速增加，小汽车保有量呈爆发式增长，对既有的城市道路网的承载能力提出了更高要求，对城市交通管理也提出更大挑战，交通拥堵、出行难、停车难等城市病日益凸显，人民群众对于道路交通的参与度和关注度也在与日俱增。

1.1 大城市领跑区域经济发展，人口集聚能力持续增强

1.1.1 北京、上海继续领跑全国经济，武汉国内生产总值（GDP）增长量最大

自 2010 年以来，我国 36 个大城市 GDP 总量占全国 GDP 总量的比例始终保持在 40% 以上。2016 年，36 个大城市 GDP 总量为 301133.3 亿元，占全国 GDP 总量的 40.47%，其中上海和北京两个超大城市 GDP 继续并行领跑 2 万亿元的新台阶，不可否认 36 个大城市均是当地区域经济发展的重要引擎。36 个大城市中，2016 年 GDP 增量超过 300 亿元的城市有 9 个，分别为武汉、重庆、北京、上海、天津、南京、成都、贵阳、广州，其中武汉以 713 亿元的增量位列第一。从各城市轨道交通投资量上看，28 个城市中有 13 个城市的投资量在 100 亿元以上，其中北京（356 亿元）、武汉（311 亿元）、上海（296 亿）位列前三。可见政府对于大规模投资建设轨道交通是建立在对经济运行良好预期之上的。

1.1.2　重庆、南宁外流人口最多，深圳、厦门、上海为最具吸引力城市

我国 36 个大城市持续保持人口密度大、人口聚集性强、高人口吸引力的特点，户籍人口总量占常住人口总量的比例继续保持下降趋势。2016 年，36 个大城市常住人口总量为 32208 万人，占全国人口的比例为 23.29%，人口增速是全国总人口的 2.54 倍。36 个大城市中常住人口总量超过 1 千万人的超大城市有 10 个（重庆、上海、北京、成都、天津、广州、深圳、石家庄、武汉、哈尔滨），与 2015 年持平。2012~2015 年期间，受控制特大城市人口规模和严格落户条件等政策影响，36 个大城市户籍人口占常住人口总量的比例从 2012 年的 83.75%下降至 2015 年的 80.39%。从城市户籍人口占城市常住人口比例来看，仅重庆和南宁两个城市超过了 100%，说明这两个城市本地人口外流较多；上海为 59.74%，厦门为 54.70%，深圳为 31.20%，可见这些城市吸引了大量外来人口。

1.1.3　广州、天津是建成区面积最大且城市扩张最快的城市

数据显示，我国 4 个直辖市建成区面积总和为 4615km²，占 36 个大城市建成区总面积的 25.72%，超大城市的集聚、扩张和吸引能力在城镇化建设发展过程中起到了引领作用。全国城市建成区面积超过 500km² 的城市有 13 个，分别为北京、重庆、广州、上海、深圳、天津、南京、成都、青岛、武汉、长春、杭州和西安。从城市建成区面积增长速度来看，2014~2015 年，36 个大城市建成区面积的平均增长率为 5.90%，有 8 个城市（兰州、天津、广州、南昌、青岛、西安、呼和浩特、银川）的建成区面积增长率在 10%以上，其中兰州为 38.14%居首，天津为 19.98%次之，广州为 19.54%位列第三。

1.2　道路交通供需矛盾更加突出，交通结构优化转型更加紧迫

1.2.1　宽大马路建设仍然普遍，郑州、成都、宁波路网指标不达标

36 个大城市道路里程约占全国城市道路里程总量的 1/3。2013～2015 年，36 个大城市道路里程总量增长了 8.48%，道路面积总量增长了 12.20%，道路面积增长速度显著快于道路里程增长速度，说明城市"宽大马路"建设现象依旧较为普遍，由此容易造成城市行人和非机动车交通过街距离和管理难度增加。从路网密度来看，有 12 个城市的路网密度低于规范值的下限，分别为昆明、乌鲁木齐、兰州、宁波、合肥、上海、福州、成都、贵阳、郑州、银川以及呼和浩特，其中郑州道路网密度为 4.1km/km²，银川为 3.7km/km²，呼和浩特仅为 3.5km/km²。从人均道路面积来看，36 个大城市中有 15 个城市的人均道路面积不足 7m²，即超过四成的城市人均道路面积达不到国家标准下限要求，郑州、成都、上海、西宁、宁波和福州 6 个城市人均道路面积小于 5m²/人。从车均道路面积来看，西宁、成都、郑州和宁波 4 个城市车均道路面积小于 25m²/辆，成都为 21.1m²/辆，郑州为 19.8m²/辆，宁波为 17.3m²/辆。

1.2.2　成都五年汽车增长超 200 万辆，重庆、苏州汽车年增长超 30 万辆

2012～2016 年，我国 36 个大城市汽车保有量共计增长了 3031 万辆，年均增长率达到了 12.9%。有 11 个城市五年增量超过了 100 万，成都以 219 万辆位居首位，重庆以 198 万辆次之，郑州为 150 万辆位居第三，其他城市依次为武汉、上海、西安、深圳、南京、石家庄、长沙、青岛。从汽车保有情况来看，北京、成都、深圳、苏州 4 个城市汽车总量超过 300 万辆且千人汽车保有量超过 200 辆，是名副其实的汽车大市。从汽车限购情况看，目前成都、重庆、苏州是汽车超过 300 万辆还未采取限购措施的城市，另外有 7 个城市汽车保有量超过了 200 万辆还未采取限号措施，分

别为郑州、西安、武汉、石家庄、南京、青岛、宁波，如表1-1所示。面临如此猛烈的汽车增长，这些城市下步如何应对和改善交通情况，是值得重点关注的问题。

36个大城市汽车保有指标及增长情况　　　　　　　　表1-1

汽车保有量指标	城市
汽车保有量在300万辆以上	北京、成都、重庆、上海、深圳、苏州
汽车保有量300万辆以上且千人汽车保有量200辆以上	北京、成都、深圳、苏州
汽车保有量200万辆以上且千人汽车保有量200辆以上	郑州、西安、杭州、武汉、石家庄、南京、青岛、宁波
汽车保有量年增幅超过30万辆	重庆、成都、苏州
汽车保有量年增幅超过20万辆	武汉、石家庄、郑州、青岛、合肥、长沙、西安、宁波、沈阳、南京、昆明、济南

1.3　公共交通持续发展，运营服务水平仍可挖潜

1.3.1　广州、北京、上海轨道交通承载能力最强

2016年，36个大城市中24个开通轨道交通的城市总客运量为158.9亿人次，占全国城市轨道交通客运量的98.4%。轨道日均客运量最高的城市分别为北京（1002.4万人次）、上海（931.7万人次）、广州（704.4万人次）、深圳（355.3万人次）、南京（227.9万人次）、武汉（196.4万人次）、重庆（189.9万人次），客运量最少的城市为青岛、南宁、福州、合肥，年客运量不足5000万人次。按照每公里轨道交通日均客运量分析，承载能力最高的城市分别是广州［2.28万人次/（km·d）］、北京［1.75万人次/（km·d）］、上海［1.51万人次/（km·d）］、沈阳［1.51万人次/（km·d）］、成都［1.46万人次/（km·d）］、西安［1.27万人次/（km·d）］、深圳［1.25万人次/（km·d）］；在轨道交通已开通一年的城市中，青岛最低，仅为0.09万人次/（km·d），是广州的3.95%。这一方面说明轨道交通客流除了需

要一定的培育期，也需要在服务水平上下功夫，以充分发挥轨道交通运量大的特点；另一方面也说明单条轨道线路难以在城市整体功能中发挥重要作用，应与土地利用相结合，与客流需求做好匹配。

从轨道交通客运量占公共交通客运量比例看，东京、巴黎、伦敦等城市的轨道交通客运量占城市公共交通客运总量的比例均在 80% 以上，而我国北京、上海、广州轨道交通客运量仅占城市公共交通客运总量的 40%~50%，其他城市则更低。从单站运量来看，我国香港的轨道通车里程为 231km、轨道站点 93 个，为北京的 40.2% 和 26.9%，其站均客运量却高达 6 万人次/d，是北京的 2.26 倍，由此可见，在轨道运营组织方面，我国内地城市仍存在较大差距。

1.3.2　北京、深圳、广州、成都公交专用道最长，武汉、呼和浩特、大连增长最快

从公交专用道里程来看，2012~2016 年，武汉、呼和浩特、大连、宁波、郑州、福州和太原 7 个城市公交专用车道里程增长率超过 2 倍，其中武汉增长了 8.7 倍，呼和浩特增长了 6.3 倍，大连增长了 4.7 倍。2016 年，36 个大城市中开通公交专用车道的城市有 33 个，公交专用车道总里程为 6051.3km，其中北京、深圳、广州、成都 4 个城市公交专用车道里程超过了 400km。重庆自 2014 年短暂开通公交专用道后，又于 2016 年取消。南宁自 2013 年取消公交专用道后，2015 年又开始启用，但是公交专用道里程相比 5 年前降低了 21.7%。2016 年石家庄公交专用道里程虽然比 2015 年稍稍增加，但相比 5 年前，依然降低了 32.8%。

1.3.3　郑州、宁波公共交通客运量少但汽车保有量大

2016 年，36 个大城市公共汽电车共完成客运量 373.62 亿人次，占全国的 50.13%，比 2015 年降低 5.15%，连续两年出现下降。36 个大城市中公共汽电车客运量超过 20 亿人次的城市有 4 个，分别为北京、重庆、广

州、上海，较 2015 年减少一个，其中北京公共汽电车客运量达到 36.9 亿人次。在部分城市，存在着由于公共交通客运量与机动车保有量的相关关系。例如哈尔滨和郑州，在城市常住人口相差不大的情况下，郑州的机动车保有量是哈尔滨的 1.84 倍，而郑州的公共交通客运量（含轨道交通）却只有哈尔滨的 73%。再如大连和宁波，城市常住人口和 GDP 数据都相近，宁波的机动车保有量是大连的 1.6 倍，而宁波的公共交通客运量却只有大连的 48%。由此可以看出，大部分城市充分认识到了发展公共交通对于转变城市交通出行结构和缓解交通拥堵的重要作用，切实落实公交优先理念，积极推动公交专用道发展。但是少数城市在推动公共交通优先发展方面还存在重视程度不够高、措施落实不到位的问题。

1.4 确保城市道路交通安全有序是交通管理永恒的主旋律

1.4.1 乌鲁木齐、上海、南宁现场执法率最高

2016 年，36 个大城市交通违法现场查处量占查处总量的比例平均为 19.9%，较上年增加 2 个百分点，反映出了 2016 年这些大城市现场路面管控和执法力度的加大。交通违法现场查处数占查处总量的比例位列前 5 位的城市分别为：乌鲁木齐（71.6%）、上海（59.6%）、南宁（55.1%）、长春（46.6%）和拉萨（34.4%）。值得注意的是，上海市在 2016 年开展道路交通违法行为大整治行动，加强了路面现场执法，当年现场交通违法查处量占比达到 59.6%，远高于 19.9% 的现场执法率平均值。此外，南宁市近年来开展了严厉的电动自行车交通违法整治行动，现场交通违法查处量占比也高达 55.1%，路面秩序得到了极大改善。

1.4.2 上海查处非机动车和行人违法最为严厉，北京、深圳、广州有所放松

2016 年公安交通管理部门狠抓非机动车和行人路面交通秩序管理，非

机动车和行人交通违法处罚占比有较大提升，非机动车违法处罚量占比从2015 年的 1.6%提高到了 2016 年的 2.9%，行人违法处罚量占比从 2015 年的 0.7%上升到 2016 年的 1.0%。

36 个大城市中，上海、杭州、南京、南宁、贵阳分别查处非机动车交通违法 355.3 万起、107.9 万起、40.5 万起、37.9 万起、37.7 万起，位列前 5 位。杭州对于城市道路非机动车违法行为的查处力度也较大，并呈现逐年加强态势。对于城市道路行人交通违法查处量，上海市以150.3 万起位居 2016 年全国之首，是第二名乌鲁木齐 11.6 倍。由于上海开展全市交通违法大整治行动，加大了路面执法力度，全年城市道路非机动车、行人交通违法查处量分别高达 355.3 万起和 150.3 万起，同比激增 9 倍和 21 倍，执法力度空前。但是，北京、深圳、广州对城市道路非机动车、行人交通违法的查处量力度较弱，需要引起足够重视，应加大对非机动车、行人交通违法的查处力度，全方位规范路面通行秩序。

1.4.3　上海道路交通事故量显著下降，长春、哈尔滨、西安、厦门道路交通事故量增幅较大

2016 年，36 个大城市道路交通安全发展形势不容乐观，道路交通事故量出现反弹，与 2015 年相比上升了 4.16%。36 个大城市中，12个城市同比上升，22 个城市同比下降，2 个城市与去年持平。上海在机动车保有量、汽车保有量的增长均处于全国前列的情况下，城市道路交通事故量同比降幅超过 20%，实践证明，城市道路交通违法行为大整治取得了显著成效。同时，长春、哈尔滨、西安、厦门城市道路交通事故量同比增幅超过 20%，城市道路交通安全管理工作亟待重视和强化。

从事故时间分布来看，早晨 7：00～8：00 是 36 个大城市道路交通事故集中发生的时段，事故量占比最高达 5.83%。早高峰道路流量大，道路交通轻微事故多发。从事故形态分布来看，车辆与行人之间事故占 36 个大城市道路交通事故总量的 25.95%，且呈逐年上升趋势。从事故成因分布来看，机动车交通违法是 36 个大城市道路交通事故主要成因，占比超过 80%，但呈现逐年下降趋势；非机动车违法导致事故的占比接近 10%，有逐年增长趋势，以上均应予以极度关注。

第2章　城市宏观社会经济

2016年，全国国内生产总值（GDP）总体增长6.7%，城镇居民人均可支配收入增长7.8%，实现了"十三五"的良好开局。2016年，面对复杂严峻的国内外环境和艰巨繁重的改革发展稳定任务，在以习近平同志为核心的党中央坚强领导下，全国各族人民迎难而上，砥砺前行，推动经济社会持续健康发展。党的十八届六中全会正式明确习近平总书记的核心地位，体现了党和人民的根本利益，对保证党和国家兴旺发达、长治久安，具有十分重大而深远的意义。各地区、各部门不断增强政治意识、大局意识、核心意识、看齐意识，推动全面建成小康社会取得新的重要进展，全面深化改革迈出重大步伐，全面依法治国深入实施，全面从严治党纵深推进，全年经济社会发展主要目标任务圆满完成。

2.1　城镇居民可支配收入

36个大城市城镇居民可支配收入保持较快增长。2016年，我国36个大城市城镇居民可支配收入超过4万元的城市有12个，同比增长3个，其中长沙、济南和呼和浩特的城镇居民可支配收入首次超过4万元，上海、北京、杭州、宁波和广州的城镇居民可支配收入超过5万元。与2015年相比，城镇居民可支配收入增长率超过9%的城市有7个，拉萨最高，增长率为11.4%。数据分析表明，一般情况下，城镇居民可支配收入越高，城镇居民的机动车购买力就越大。

城镇居民可支配收入是反映城市居民生活质量水平的一个重要指标，

是指城镇居民用于最终消费支出和其他非义务性支出及储蓄的总和，即城镇居民可以用来自由支配的收入，主要表征可购买的能力。2016年，全国城镇居民人均收入继续增长，城镇居民人均可支配收入为33616元，同比增长7.8%。36个大城市平均城镇居民可支配收入38376元，高出全国14.2%，同比增长8.4%。2010年以来，36个大城市平均城镇居民可支配收入持续快速增长，2011~2014年期间增速逐年下降，2015年增速转降为升，2016年增速继续加快，如图2-1所示。

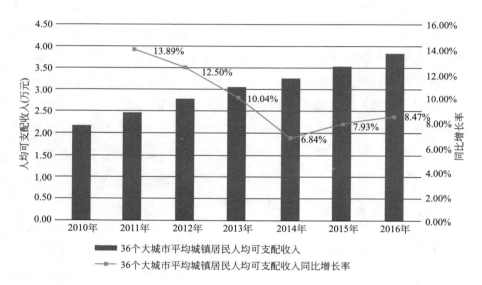

图2-1　2010~2016年我国36个大城市平均城镇居民可支配收入

注：数据来源于各城市统计局网站。

城镇居民可支配收入超过4万元的城市达到1/3，中西部地区和东北地区城市普遍低于全国平均水平。2016年，我国36大城市城镇居民可支配收入超过全国平均线（33616元）的城市有23个，同比增加1个。其中上海、北京、杭州、宁波、广州、南京、深圳、厦门、青岛、长沙、济南、呼和浩特12个城市城镇居民可支配收入超过4万元，同比增加了3个城市，上海为57692元居首，北京为57275元次之，杭州以52185元位居第三。拉萨、兰州、太原、重庆、贵阳、西宁 6 个城市在 3 万元以下，同比减少 6 个城市，其中重庆（29610 元）、贵阳（29502 元）、西宁（27539 元）位于后三位，如图 2-2 所示。从区域分布看，城镇居民可支配收入超过 4 万元的 12 个城市除长沙和呼和浩特外均在东部沿海地区；城镇居民可支配收入低于全国平均水平的 13 个城市大多位于中西部地区和东北地区，与城市总体经济发展水平相对应。

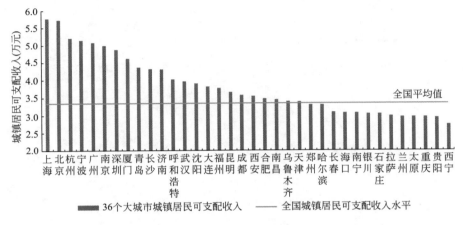

图 2-2　2016 年我国 36 个大城市城镇居民人均可支配收入

注：数据来源于各城市统计局网站。

36 个大城市中大部分的城市城镇居民人均可支配收入增长率高于全国平均水平。2016 年，我国 36 个大城市中有 25 个城市城镇居民人均可支配收入增长率高于全国增长水平，同比增加了 6 个城市。增长率超过了 10%的只有拉萨一个城市，同比减少了 4 个城市。增长率排名后五位的城市为大连、郑州、长春、沈阳、太原，其增长率均不足 7%，如图 2-3 所示。从区域分布看，中西部地区城市城镇居民人均可支配收入增长率普遍高于东部沿海地区城市，受中西部地区城市经济基础弱、人口数少等因素影响，在保持经济增长的情况下，城镇居民人均可支配收入仍有较大的增长空间。

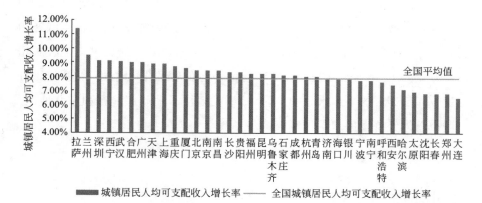

图 2-3　2016 年 36 个大城市城镇居民人均可支配收入增长率

注：数据来源于各城市统计局网站。

2.2　国内生产总值

36 个大城市 GDP 总量继续保持平稳增长，增长率普遍高于全国平均水平。2016 年，我国 36 个大城市 GDP 超过 1 万亿元的城市有 11 个，较上年增加 2 个，分别为上海、北京、广州、深圳、天津、重庆、武汉、成都、杭州、南京和青岛，其中，上海和北京两个城市 GDP 总量均超过 2 万亿元，继续领跑其他城市。36 个大城市中有 33 个城市的 GDP 增长率高于全国增长水平，较上年增加 12 个，其中拉萨和贵阳增长率位于前两位，分别为 12.0% 和 11.7%。北京的 GDP 增速为 6.7%，与全国平均水平持平。仅有大连（6.5%）、沈阳（-7.8%）两个城市的经济增速落后于全国平均水平，东北地区经济复苏依然任重而道远。

我国三大产业增加值稳步上升，第三产业增加值比重再次突破 50%。2016 年，面对复杂多变的国际环境和国内繁重艰巨的改革发展稳定任务，在以习近平同志为核心的党中央坚强领导下，各地区各部门认真落实党中央、国务院决策部署，统筹推进"五位一体"总体布局和协调推进"四个全面"战略布局，坚持稳中求进工作总基调，坚持新发展理念，以推进供给侧结构性改革为主线，适度扩大总需求，坚定推进改革，妥善应对风险挑战，引导形成良好社会预期，经济社会保持平稳健康发展。全年 GDP 总量为 744127 亿元，比上年增长 6.7%，增速较上年下降 0.2 个百分点。其中，第一产业增加值 63671 亿元，增长 3.3%；第二产业增加值 296236 亿元，增长 6.1%；第三产业增加值 384221 亿元，增长 7.8%。第一产业增加值占国内生产总值的比重为 8.6%，第二产业增加值比重为 39.8%，第三产业增加值比重为 51.6%，再次突破 50%。全年人均国内生产总值 53980 元，比上年增长 6.1%。

2010 年以来，36 个大城市 GDP 总量占全国 GDP 总量的比例始终保持在 40% 以上。2016 年，36 个大城市 GDP 总量为 301133.3 亿元，占全国 GDP 总量的 40.47%，同比下降 0.59 个百分点。36 个大城市经济发展继续影响着全国经济走势，如图 2-4 所示。

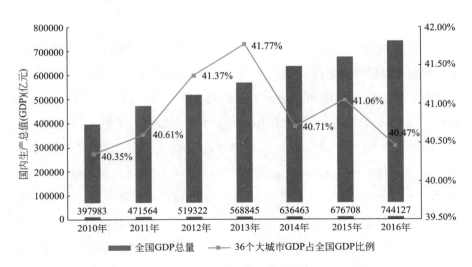

图 2-4　36 个大城市 GDP 总量占全国 GDP 比例

注：数据来源于国家统计局网站。

从 36 个大城市 GDP 总量年增长情况来看，2016 年，我国 36 个大城市 GDP 总量同比增长 8.39%，增速较上年提高 1.18 个百分点，增速止跌回升，如图 2-5 所示。

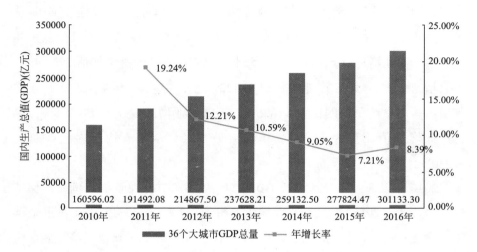

图 2-5   36 个大城市 GDP 总量增长情况

注：数据来源于各城市统计局网站。

从我国 36 个大城市 GDP 分布来看，2016 年，上海和北京的 GDP 继续并行领跑 2 万亿元新台阶；GDP 超过 1 万亿元的城市有 11 个，同比增加 2 个，南京和青岛的 GDP 首次迈入 1 万亿元台阶；GDP 低于 0.5 万亿元的城市有 13 个，与上年持平，比 2010 年减少 9 个，如图 2-6 所示。

2016 年，36 个大城市平均 GDP 总量较 2010 年增长了约 87.5%。2016 年，36 个大城市平均 GDP 总量为 8364.81 亿元，同比增长 647.47 亿元，较 2010 年增长了 3903.82 亿元。其中，20 个城市超过平均水平。11 个城市的 GDP 总量超过 1 万亿元，包括上海、北京、广州、深圳、天津、重庆、武汉、成都、杭州、南京和青岛，其中上海以 27466.15 亿元保持首位，北京 24899.3 亿元位居第二，广州 19610.94 亿元名列第三。13 个城市 GDP 低于 0.5 万亿元，分别为南昌、昆明、厦门、南宁、呼和浩特、贵

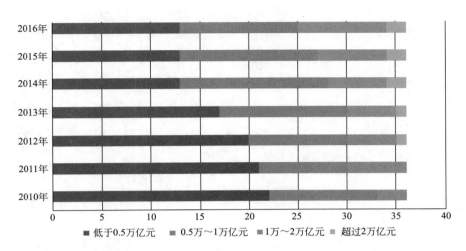

图 2-6　2010~2016 年 36 个大城市 GDP 总量分布

注：数据来源于各城市统计局网站。

阳、太原、乌鲁木齐、兰州、银川、海口、西宁、拉萨，其中 4 个城市低于 0.2 万亿元，包括银川、海口、西宁和拉萨，如图 2-7 所示。

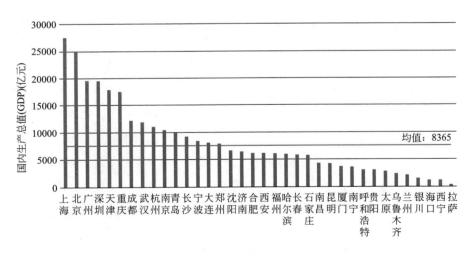

图 2-7　2016 年 36 个大城市国内生产总值总量

注：数据来源于各城市统计局网站。

36 个大城市 GDP 增速超过全国平均增速的城市数量增加，但增速超过 10%的城市数量下降。2016 年，36 个大城市中有 34 个城市 GDP 增长率高于全国增长水平（6.7%），同比增加 12 个。其中，拉萨、贵阳和重庆 3 个城市的 GDP 增长率超过 10%，较上年减少了 1 个城市，其中，拉萨以 12.0%的 GDP 增速继续保持首位，贵阳为 11.7%居于第二名，重庆为 10.7%排名第三。仅沈阳和大连两个城市的 GDP 增速低于全国平均增长水平，同比减少了 14 个城市，如图 2-8 所示。

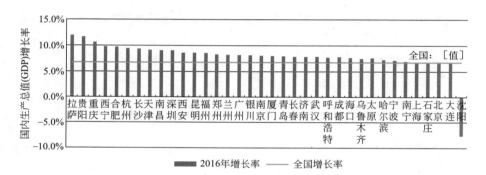

图 2-8　2016 年 36 个大城市 GDP 增长率

注：数据来源于各城市统计局网站。

36 个大城市中大部分城市 GDP 增速加快。对比 2015 年、2016 年两年 GDP 增速的变化值可以看出，22 个城市的 GDP 增速保持正增长，包括大连、拉萨、西宁、长春、天津、西安、济南、厦门、银川、宁波、昆明、呼和浩特、青岛、上海、乌鲁木齐、长沙、郑州、重庆、成都、杭州、石家庄、合肥，其中拉萨和大连的增速提高了 5.5%，并列第一，西宁的增速提高了 4.7%，排名第三；沈阳（-10.4%）、海口（-7.8%）、贵阳（-4.1%）3 个城市分别位居 GDP 增速下降的前三位，如图 2-9 所示。

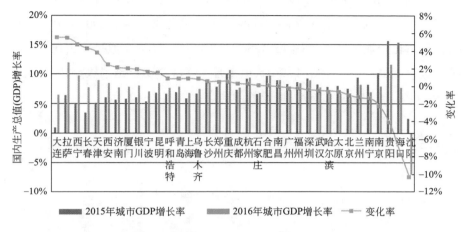

图 2-9　2015～2016 年 36 个大城市 GDP 增长率及变化率

注：数据来源于各城市统计局网站。

2.3　城市交通建设财政固定资产投入

本节中所用的数据来源于《中国城市建设统计年鉴 2015》中有关城市市政公用设施建设固定资产投资的城市道路桥梁、轨道交通及本年完成投资量三项数据，为便于研究分析，本节中的交通建设投资量为城市道路桥梁和轨道交通两项数据之和，进而分析我国 36 个大城市交通建设财政固定资产投资情况。

2010 年以来，36 个大城市交通建设固定资产年投资总量持续增长，占城市市政公用设施建设固定资产投资总量的比例连续七年保持在 60% 以上。2009～2015 年，我国 36 个大城市市政公用设施建设固定资产投资总量仅 2011 年出现下降，同比下降 8195 亿元，降幅达 10.87%。截至 2015 年底，固定资产投资总量较 2009 年上升了 2776 亿元，增幅达 40.23%。交通建设固定资产年投资总量持续增长，其中 2010 年和 2013 年两年的同比增长率分别为 18.78% 和 16.89%。2009~2015 年，交通投资占城市固定资产总投资量的比例连续七年保持在 60% 以上，从趋势上看，2009~2011 年交通投资占比快速上升（增幅 15.43%），2011~2012 年交通投资占比出现了下降（降幅 9.09%），2012~2015 年交通投资占总投资比例从 68.89% 上升至 75.77%（增幅 6.88%），增长趋于稳定，如图 2-10 所示。

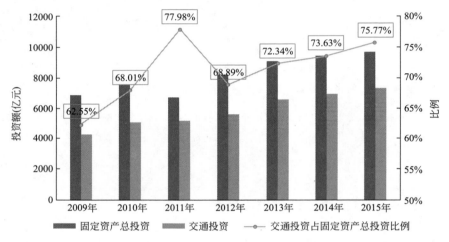

图 2-10　2009~2015 年我国 36 个大城市交通建设固定资产总投资情况

注：数据来源于《中国城市建设统计年鉴》。

36 个大城市中交通建设固定资产投资量超过 300 亿元的城市达到 9 个。从城市上看，2015 年 36 个大城市中交通建设固定资产投资量平均为 204 亿元，同比增长 11 亿元，有 15 个城市超过投资平均水平。超过 300 亿元的城市有 9 个，较上年增加 3 个，分别为武汉、重庆、北京、上海、天津、南京、成都、贵阳、广州，其中武汉以 713 亿元排位第一，重庆为 542 亿元次之，北京为 502 亿元居于第三，上海（469 亿元）、天津（345 亿元）分别位居于四、五名。太原（49 亿元）、西宁（42 亿元）、拉萨（11 亿元）、银川（5 亿元）4 个城市交通建设固定资产投资量低于 50 亿元。

36 个大城市交通建设固定资产投资量占总投资量的比例的平均值保持稳定，其中 21 个城市超过了平均水平。从交通建设固定资产投资量占总投资量的比例上看，2015 年，36 个大城市交通建设固定资产投资量占城市市政公用设施建设固定资产年投资总量的比例平均值为 74.13%，同比增长0.39 个百分点，有 21 个城市超过了平均水平。9 个城市的交通建设固定资产投资量占城市市政公用设施建设固定资产年投资总量的比例超过 85%，包括深圳、贵阳、宁波、昆明、成都、海口、广州、杭州和杭州，其中深圳（97.00%）、贵阳（96.63%）、宁波（93.45%）排名前三位。除北京（49.14%）、呼和浩特（48.76%）、济南（47.85%）、银川（20.28%）外，其余 32 个城市交通建设固定资产投资量占总投资量的比例均在 50% 以上，如图 2-11 所示。

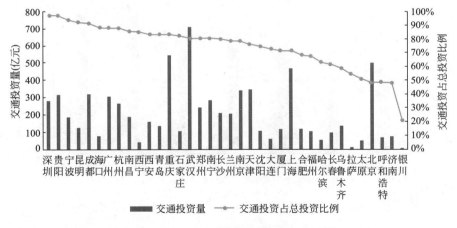

图 2-11　2015 年我国 36 个大城市交通建设固定资产投资情况

注：数据来源于《中国城市建设统计年鉴 2015》。

从区域分布来看，部分中西部城市交通建设固定资产投资占市政公共设施建设的比例较高。数据说明，36 个大城市在交通建设固定资产投资方面均比较重视，把城市交通建设放在了城市市政公共设施建设的重要位置。从城市所在的区域上看，中西部城市交通建设固定资产投资比例较高，在前 5 名城市中占到了 3 席，分别为贵阳（96.63%）、昆明（91.81%）和成都（91.33%）。一方面，受城市经济发展基础、交通建设基础薄弱的影响，中西部社会经济发展对加快城市交通建设发展具有较大需求；另一方面，城市交通建设发展为促进中西部城市社会经济快速发展提供了强大助力。

36 个大城市轨道交通投资总额持续增长，轨道交通投资总额占城市固定资产投资总额的比例增大。2015 年，36 个大城市轨道交通建设固定资产总投资量同比增长了 463 亿元，同比增加 15.58%，轨道交通投资占交通投资比例达到 46.86%，同比上升 4.19 个百分点，我国城市轨道交通建设将处于加速发展期，如图 2-12 所示。

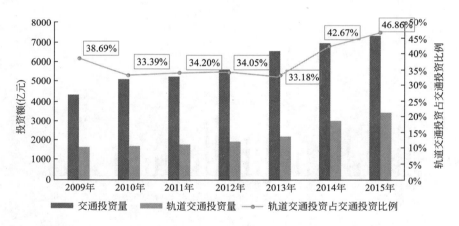

图 2-12　2009~2015 年我国 36 个大城市轨道交通建设固定资产投资情况

注：数据来源于《中国城市建设统计年鉴》。

2015 年，36 个大城市中有 28 个城市投资了轨道交通建设，平均轨道交通投资额为 123 亿元，同比增长了 17 亿元，增幅达 15.58%。从轨道交通投资量上看，28 个城市中有 13 个城市的投资量在 100 亿元以上，其中北京（356 亿元）、武汉（311 亿元）、上海（296 亿元）、重庆（228 亿元）、深圳（226 亿元）、南京（215 亿元）6 个城市的投资量超过 200 亿元。轨道交通投资量在 50 亿元以下的城市有 8 个，较 2013 年减少 1 个，其中福州（31 亿元）、哈尔滨（16 亿元）、济南（8 亿元）分别排在后三位。对比 2014 年、2015 年 36 个城市的轨道交通固定资产投资量，可以看出北京连续两年投资量领先于其他城市，武汉、上海、重庆、深圳、重庆 2015 年轨道交通投资额分别排列 2~6 名；从变化率上看，2015 年增加轨道交通投资的城市有 21 个，厦门和济南 2015 年首次投资轨道交通，长沙、长春、青岛 3 个城市的增长率在 100% 以上。城市轨道交通投资量下降的城市有 9 个，其中西安和乌鲁木齐 2015 年轨道交通投资数为 0，北京（−19.36%）、南京（−34.62%）、大连（−45.88%）3 个城市的降幅较大，如图 2-13 所示。

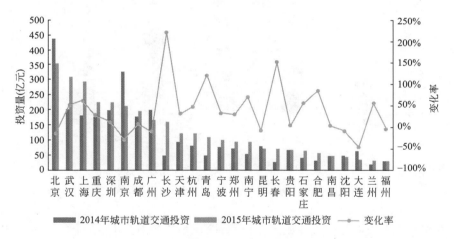

图 2-13　2014~2015 年我国 28 个大城市轨道交通建设固定资产投资情况

注：数据来源于《中国城市建设统计年鉴》。

2.4　城市规模

2.4.1　城市建成区面积

2011~2015 年，我国 36 个大城市建成区总面积保持增长，平均年增长面积为 805km²，年增长率约为 5.07%。据《中国城市统计年鉴—2015》、

《中国城市建设统计年鉴 2015》的数据统计，2015 年，我国 36 个大城市市域面积总计 52.245 万 km^2，约占全国国土总面积的 5.44%。如果不涉及行政区划调整，城市市域面积不会发生变化，但随着我国新型城镇化进程的加快推进，城市开发建设范围不断扩张，城市建成区❶面积逐渐扩大。2015 年，36 个大城市建成区总面积为 17939km^2，同比增长了 5.90%，如图 2-14 所示。数据显示，2011~2015 年，我国 36 个大城市建成区总面积在逐年扩张，平均年增长率约为 5.07%。

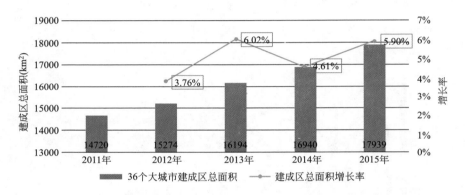

图 2-14　2011~2015 年我国 36 个大城市建成区面积

注：数据来源于《中国城市统计年鉴》、《中国城市建设统计年鉴》。

　　36 个大城市的城市建成区面积超过 500km^2 的城市有 13 个。城市建成区面积超过 500km^2 的城市分别为北京、重庆、广州、上海、深圳、天津、南京、成都、青岛、武汉、长春、杭州和西安，其中北京以 1386km^2 居首，重庆为 1231km^2 次之，广州为 1035km^2 排名第三。9 个城市的城市建成区面积不到 300km^2，包括贵阳、南宁、石家庄、福州、呼和浩特、银川、海口、拉萨、西宁，同比减少 1 个城市，其中海口 152km^2，拉萨

---

　　❶　城市建成区是指市市行政区范围内经过征用的土地和实际建设发展起来的非农业生产建设的地域，包括市区集中连片的部分以及分散在近郊区域城市有密切联系，具有基本完善的市政公用设施的城市建设用地，用于表征城市建设用地状况的规模。

91km^2，西宁 90km^2，如图 2-15 所示。

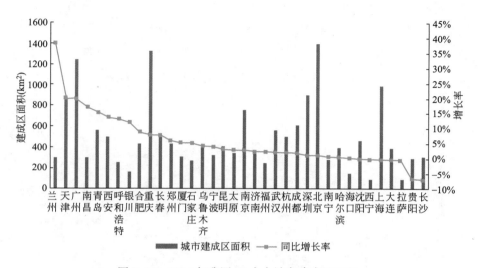

图 2-15　2015 年我国 36 个大城市建成区面积

注：数据来源于《中国城市统计年鉴》、《中国城市建设统计年鉴》。

数据显示，我国 4 个直辖市城市建成区面积总和为 4615km^2，占 36 大城市的城市建成区总面积的 25.72%，说明我国直辖市城市建设规模较大，在城镇化建设发展方面起到了区域城市发展引领的作用。从城市建成区面积增长速度来看，2014~2015 年，36 个大城市城市建成区面积的平均增长率为 5.90%。8 个城市的城市建成区面积增长率在 10% 以上，包括兰州、天津、广州、南昌、青岛、西安、呼和浩特、银川，其中兰州为 38.14% 居首，天津为 19.98% 次之，广州为 19.54% 位列第三。

从城市建成区占市辖区面积的比例来看，36 个大城市的平均比例为14.70%。城市建成区是指城市行政区内实际已成片开发建设、市政公用设施和公共设施基本具备的地区。城市市辖区是指城市市区的区域，居民以城镇人口为主或占有很大比例，文化、经济和贸易等方面较之市辖区之外的县或县级市相对发达。从城市建成区占城市市辖区面积的比例来看，36 个大城市的平均比例为 14.70%，深圳、郑州、合肥 3 个城市比例在 30%以上，其中深圳以 45.07%位居第一，郑州为 43.33%次之，合肥以 33.40%排名第三，如图 2-16 所示。12 个城市的比例在 10%以下，包括南昌、天津、北京、银川、武汉、长春、海口、哈尔滨、南宁、重庆、乌鲁木齐、拉萨，其中，南宁为 4.38%，重庆为 3.85%，乌鲁木齐为 3.12%，拉萨为 2.17%。

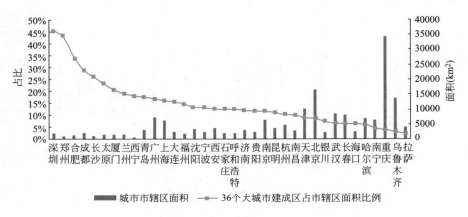

图 2-16　2015 年我国 36 个大城市建成区占市辖区面积比例

注：数据来源于《中国城市统计年鉴》。

2.4.2　城市人口数量

2016 年，36 个大城市常住人口总量为 32245 万人，同比增长 1.61%，占全国人口的比例为 23.32%，人口增速是全国总人口的 2.73 倍。2016 年，我国总人口数量为 138271 万人，较上年增加 809 万人，同比增长 0.59%。36 个大城市常住人口总量超过 1000 万人的城市有 10 个，与 2015 年持平，分别为重庆、上海、北京、成都、天津、广州、深圳、石家庄、武汉、哈尔滨，其中重庆（3048.43 万人）、上海（2419.70 万人）、北京（2172.9 万人）分别位居前三位，如图 2-17 所示。我国 36 个大城市持续保持人口密度大、人口聚集性强、高人口吸引力的特点。国内外经验表明，人口增长是交通出行需求增加的主要驱动力，并将对城市交通运行产生较大的影响。

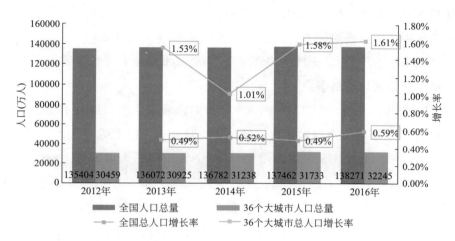

图 2-17　2012～2016 年我国人口和 36 个大城市人口总量情况

注：数据来源于各城市国民经济和社会发展统计公报。

36 个大城市户籍人口总量占常住人口总量的比例继续保持下降趋势。截至 2015 年底，我国 36 个大城市户籍人口总量为 25808 万人，户籍人口总量比 2014 年增加 1.06%；户籍人口占城市常住人口总量的 81.33%，同比下降 0.42%，继续保持下降趋势，如图 2-18 所示。

图 2-18　2012～2015 年我国 36 个大城市常住人口和户籍人口总量

注：数据来源于国家统计局网站、《中国城市统计年鉴》。

数据显示，2012~2015 年，受控制特大城市人口规模和严格落户条件等政策影响，36 个大城市户籍人口占常住人口总量的比例持续下降，从 2012 年的 83.75%下降至 2015 年的 81.33%，降幅达 2.42%。但大城市仍具有较强的人口吸附能力，吸引更多外来人口进入这些城市工作和生活，预计未来城市户籍人口增长将保持稳定，而城市常住人口总量增长率将继续高于户籍人口增长率。

2016 年，36 个大城市中有 10 个城市的市域常住人口超过 1000 万人。2016 年，按照城市市域常住人口统计，重庆、上海、北京、天津、成都、广州、深圳、石家庄、武汉和哈尔滨 10 个城市常住人口超过 1000 万人，重庆为 3048 万人居首，上海为 2420 万人次之，北京为 2173 万人排名第三。贵阳、太原、厦门、兰州、乌鲁木齐、呼和浩特、西宁、海口、银川、拉萨 10 个城市常住人口小于 500 万人，海口为 225 万人，银川为 219 万人，拉萨为 53 万人，如图 2-19 所示。

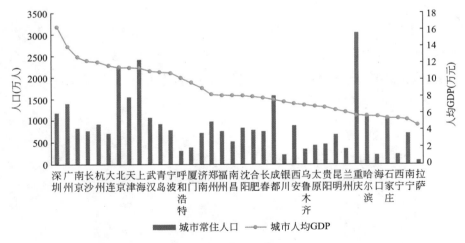

图 2-19　2016 年我国 36 个大城市人口和人均 GDP 情况

注：数据来源于各城市国民经济和社会发展统计公报。

2016 年，36 个大城市常住人口人均 GDP 为 9.34 万元/人。以城市常住人口人均 GDP 计算，重庆常住人口排名第一，但人均 GDP 为 5.76 万元/人，远低于 36 个大城市的平均水平（9.34 万元/人）。深圳、广州常住人口分别排在第六、第七位，但分别以人均 GDP 为 16.37 万元/人和 13.96 万元/人，位居全国前两名。数据说明，城市人口规模与城市经济发展水平没有必然联系，从城市区域分布来看，东部沿海地区城市人均 GDP 普遍高于中西部地区城市。

2015 年，重庆、上海、北京、成都、石家庄、天津 6 个城市户籍人口超过 1000 万人，重庆为 3371.84 万人居首，上海为 1442.97 万人次之，北京为 1345.20 万人排名第三。有 11 个城市的户籍人口低于 500 万人，分别为贵阳、太原、深圳、兰州、乌鲁木齐、呼和浩特、厦门、西宁、银川、海口和拉萨，其中银川为 179.23 万人，海口为 164.80 万人，拉萨为 53.03 万人，如图 2-20 所示。

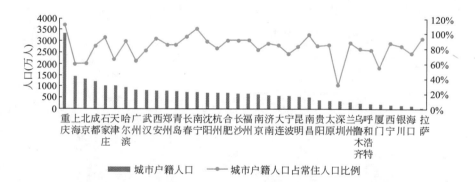

图 2-20　2015 年我国 36 个大城市户籍人口情况

注：数据来源于各城市统计局网站、《中国城市统计年鉴》。

从城市户籍人口占城市常住人口比例来看，只有重庆和南宁两个城市均超过了 100%，说明这两个城市本地人口外流较多，而天津、广州、北京、上海、厦门和深圳 6 个城市户籍人口占城市常住人口的比例小于 70%，上海为 59.74%，厦门为 54.70%，深圳为 31.20%，说明这些城市吸引了大量外来人口工作和生活。

第3章 城市车辆发展情况

2016 年，我国机动化发展总体继续呈现出快速增长的势头。截至 2016 年底，全国机动车保有量达到 2.94 亿辆，年内净增 1600 万辆，同比增长 5.3%。其中，汽车保有量 1.94 亿辆，年内净增 2212 万辆，同比增长 12.8%；摩托车保有量 8244 万辆，年内减少 633 万辆，同比下降 7.1%。汽车保有量增速较快，增幅比去年高出 1.3 个百分点，而摩托车保有量下降较为明显，降幅超出去年 4.1 个百分点。2012~2016 年，汽车占机动车的比例进一步提高，由 2012 年的 50.4% 提高到 2016 年的 66.0%，平均每年提升 3.1 个百分点。数据说明，机动车结构在逐年发生着变化，汽车所占份额呈增大、摩托车所占份额呈下降的发展态势，如图 3-1 所示。

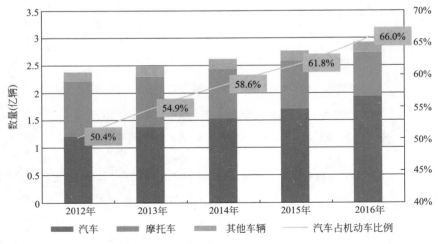

图 3-1　2012~2016 年全国机动车总体发展情况

注：数据来源于公安部交通管理局。

在汽车保有量中，小型载客汽车占了最大的份额。2012~2016 年，小型载客汽车由 8304 万辆增加到 1.58 亿辆，增长了近 1 倍，小型载客汽车占汽车总量比例也由 68.7%提升到 81.3%，小型载客汽车份额呈现不断上升的趋势，如图 3-2 所示。

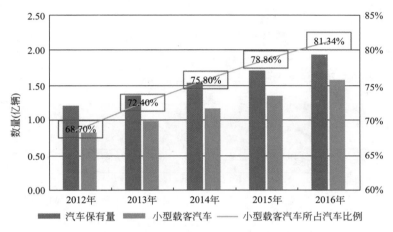

图 3-2　2012~2016 年全国小型载客汽车发展情况

注：数据来源于公安部交通管理局。

2012~2016 年，我国汽车车型结构发生了较大的变化，小型载客汽车增幅较大，而中型载客汽车呈下降趋势；重型载货汽车增幅显著，而中型载货汽车下降明显。如图 3-3 所示，8 种基本汽车车型中，有 4 种车型的保有量呈上升的趋势，分别为，小型载客汽车增长了 90.43%、轻型载货汽车增长了 23.37%、重型载货汽车增长了 20.63%、大型载客汽车增长了 13.76%；另外，有 4 种车型的保有量呈下降的趋势，分别为，中型载货汽车下降了 39.71%，微型载客汽车下降了 38.22%，微型载货汽车下降了 37.10%，中型载客汽车下降了 36.44%。分析原因可知，汽车车型结构的变化与社会经济、综合交通发展具有一定的关系，社会经济的不断发展，人均年可支配收入逐年提升，小型载客汽车保有量快速增长，一定程度上吸引了中短途客运需求，导致了中型载客汽车保有量下降超过了 1/3；电子商务的兴起与繁荣，促进了物流业快速发展，大运量的重型载货汽车增长超过了 1/5，轻型载货汽车增幅也较大。

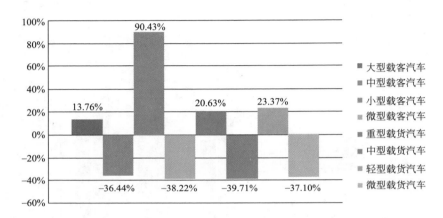

图 3-3　2012~2016 年全国汽车保有结构发展变化趋势

注：数据来源于公安部交通管理局。

3.1　机动车保有情况

3.1.1　机动车保有量

2016 年底，我国机动车保有量有 64 个城市超过 100 万辆，比 2015 年减少了 4 个；有 27 个城市超过 200 万辆，比 2015 年增加了 1 个；有 6 个城市超过 300 万辆，比 2015 年增加了 1 个。超过 100 万辆的城市数量减少，是因为部分城市由于摩托车保有量大幅下降，导致机动车保有量总量下降，但这些城市的汽车保有量一般均是增长的。总体来看，除全国 36 个大城市外，我国机动车保有量主要集中于河北、江苏、浙江、山东、河南、广东等省份，分布于东部、南部沿海地区和华北、中原地区，如表 3-1 和图 3-4 所示。

我国机动车保有量分别超过 100 万辆、200 万辆和 300 万辆的城市　表 3-1

类型	城市
机动车超过 300 万辆（6个）	北京、重庆、成都、上海、苏州、深圳
机动车在 200 万~300 万辆之间（21 个）	天津、郑州、杭州、西安、佛山、潍坊、江门、石家庄、临沂、广州、武汉、宁波、南京、青岛、昆明、东莞、保定、泉州、长沙、温州、唐山
机动车在 100 万~200 万辆之间（37 个）	沈阳、济南、金华、赣州、烟台、无锡、南通、南宁、邯郸、长春、台州、合肥、沧州、大连、哈尔滨、茂名、嘉兴、厦门、南阳、徐州、福州、绍兴、太原、肇庆、济宁、菏泽、常州、贵阳、玉林、中山、廊坊、洛阳、惠州、淄博、邢台、遵义、盐城

注：数据来源于公安部交通管理局。

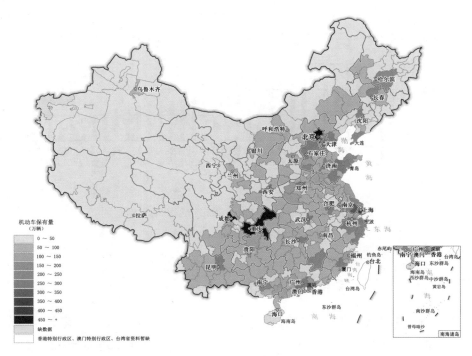

图 3-4　2016 年全国机动车保有量分布图

注：数据来源于公安部交通管理局。

2016年，我国36个大城市市域机动车保有量为7590.2万辆，同比增长了7.98%，占全国机动车保有量的25.76%，所占比例进一步提高。2个城市超过500万辆，北京以553.2万辆居首，重庆以521.6万辆次之；另外还有4个城市超过300万辆，分别为成都（464.4万辆），上海（354.1万辆），深圳（326.4万辆），天津（303.6万辆）。36个大城市中有30个城市市域机动车保有量超过了100万辆，只有6个城市未达到100万辆，分别为兰州、呼和浩特、海口、银川、西宁和拉萨，如图3-5所示。从地域分布来看，36个大城市机动车保有量分布也呈现出不均衡的特征，东部沿海地区城市机动车保有量较大，中西部区域相对较小。

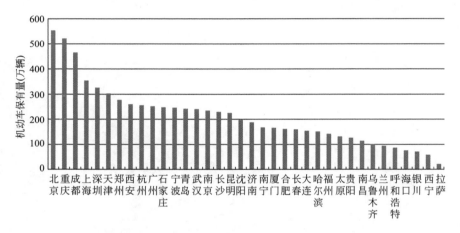

图3-5　2016年全国36个大城市市域机动车保有量

注：数据来源于公安部交通管理局。

3.1.2　千人机动车保有量

2016年，我国千人机动车保有量为213辆，每千人比去年增长了10辆。从全国城市千人机动车保有量来看，西部地区、东部沿海地区城市千人机动车保有量相对较高，部分城市超过了300辆。分析其原因主要有三个方面：一是机动车车型结构中，摩托车占比较高的城市。如，广东、广西和云南等，部分城市摩托车数量较大，仅从千人机动车的数量来看，这些城市千人机动车保有量较高；二是人口相对稀少，但是资源矿产相对丰富的城市。如，新疆、内蒙古和宁夏等，部分城市属于人口相对较少的资源型城市，机动车保有量相对较高，但是人口数量相对不高；三是社会经济基础较高，人均可支配收入较高的城市。如，江苏、浙江和福建等，GDP 相对较高，经济发展基础较好，人均可支配收入高于全国平均水平，社会公众机动车购买力较强，机动车保有量相对较高。中部地区省份的城市千人机动车保有量相对较低，大部分城市不到全国平均水平。这些地区的城市经济发展相对迟缓，机动车保有量不高，并且近年来，摩托车保有量正在逐年减少，所以导致千人机动车保有量相对不高，如山西、河南、安徽、湖北、湖南等。如表 3-2 和图 3-6 所示。

2016 年我国千人机动车保有量超过 300 辆和 200 辆的城市　表 3-2

类型	城市和地区
千人机动车超过 300 辆（26 个）	江门、德宏、中山、普洱、克拉玛依、厦门、西双版纳、佛山、拉萨、珠海、鄂尔多斯、金华、阿拉善、昆明、东营、玉溪、银川、嘉兴、龙岩、肇庆、临沧、苏州、湖州、嘉峪关、宁波、海口
千人机动车超过全国平均值且小于 300 辆（71 个）	太原、乌海、成都、西安、长沙、铜陵、郑州、南京、杭州、三亚、云浮、无锡、保山、威海、潍坊、唐山、呼和浩特、巴音郭楞、东莞、深圳、廊坊、泉州、台州、乌鲁木齐、哈密、阳江、绍兴、北京、烟台、常州、滨州、日照、淄博、贵阳、青岛、济南、茂名、酒泉、大理、锡林郭勒、迪庆、南宁、莱芜、防城港、丽水、南通、兰州、楚雄、北海、惠州、沈阳、石家庄、海西、赤峰、临沂、石河子、温州、金昌、武汉、包头、石嘴山、南平、雅安、济源、博尔塔拉、大连、玉树、长春、沧州、文山、丽江

注：数据来源于公安部交通管理局。

　　2016 年，我国 36 个大城市千人机动车保有量平均值为 236.4 辆。18 个城市千人机动车保有量超过了平均值，其中 7 个城市超过了 300 辆，即可以认为平均每 3 人拥有一辆机动车，厦门最高为 421.6 辆，拉萨次之为 393.7 辆，其后依次为，海口（336.6 辆）、昆明（334.2 辆）、银川（324.1 辆）、宁波（312.5 辆）、太原（301.3 辆）。另外 18 个城市千人机

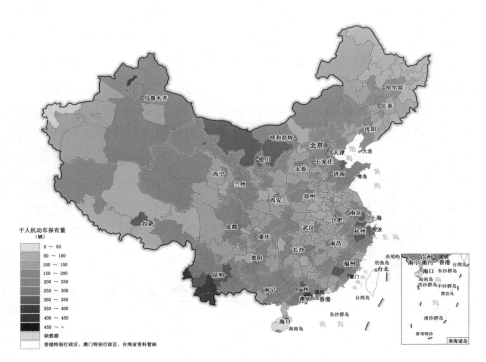

图 3-6 2016 年全国千人机动车保有量分布图

注：数据来源于公安部交通管理局，各市国民经济和社会发展统计公报。

动车保有量不到平均值，其中，7 个城市不足 200 辆，分别为天津、福州、大连、广州、重庆、哈尔滨和上海，如图 3-7 所示。从城市地域分布来看，千人机动车保有量相对较高的城市和相对较低的城市中均有东部沿海地区城市，也有中西部内陆地区城市，和机动车保有量分布有所不同，这是由于虽然东部沿海地区机动化发展相对更快一些，但是这些区域的城市人口相对较多，从整体来看，导致千人保有量不及西部人口相对较少的城市。

3.1.3 机动车保有量和经济发展水平关系

机动车保有量与城市 GDP 发展具有较大的关系，从两项指标数据的

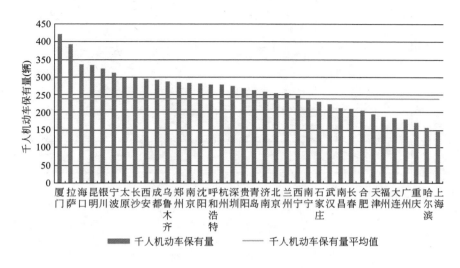

图 3-7　2016 年全国 36 个大城市千人机动车保有量

注：数据来源于公安部交通管理局，各市国民经济和社会发展统计公报。

拟合函数可以看出，两者基本呈线性关系，即城市 GDP 越高，机动化发展程度相对越高，机动车保有量相对越大，反之，GDP 越低，机动化发展程度相对迟缓，机动车保有量相对越小。如，我国 36 个大城市中，GDP 超过 10000 万亿元的 11 个城市，机动车保有量均超过了 230 万辆；GDP 不足 2000 万亿元的 4 个城市，机动车保有量均不足 80 万辆，如图 3-8 所示。

3.1.4　市区机动车保有量

2016 年底，我国 36 个大城市中有 26 个城市市区机动车保有量超过了 100 万辆，依次为北京、天津、深圳、上海、重庆、成都、武汉、西安、广州、杭州、南京、郑州、沈阳、厦门、昆明、济南、太原、青岛、长沙、宁波、哈尔滨、长春、石家庄、合肥、大连、南宁，其中前 10 位的城市市区机动车保有量已突破了 200 万辆，如图 3-9 所示。

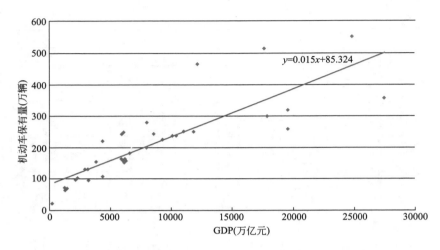

图 3-8　2016 年全国 36 个大城市经济发展与机动车保有量分布图

注：数据来源于公安部交通管理局，各市国民经济和社会发展统计公报。

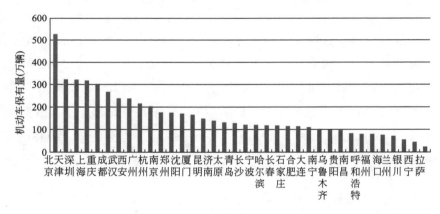

图 3-9　2016 年我国 36 个大城市市区机动车保有量

注：数据来源于公安部交通管理局。

3.1.5　机动车保有量发展变化情况

2016 年，全国全年新注册登记机动车达 3252 万辆，同比新注册登记总量增加了 137 万。全年实际增加机动车 1600 万（扣除报废数量），同比实际增加总量增加了 81 万。2012～2016 年，全国机动车保有量共增长 6990.56 万辆，总体增幅高达 31.1%，年均增长率为 5.6%。如图 3-10 所示，2012 年增长率为 6.7%，2013 年增长略有下降，但 2014 年之后增速又开始回升。

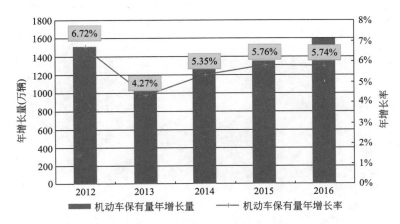

图 3-10　2012～2016 年全国机动车年增长情况

注：数据来源于公安部交通管理局。

2016 年，我国有 30 个城市机动车保有量增幅超过 10 万辆，与 2015 年相比减少了 20 个城市。其中重庆全年增长了 48.1 万辆，是全国机动车增幅最大的城市，另外，还有 6 个城市增幅超过 20 万辆，分别为，成都增幅 37.3 万辆，东莞增幅 35.9 万辆，苏州增幅 34.6 万辆，武汉增幅 26.7 万辆，上海增幅 25.9 万辆，合肥增幅 20.4 万辆。总体上来看，除了 36 个大城市外，机动车保有量增幅最集中的区域在江苏、浙江和山东等省份的部分城市。由于摩托车数量和黄标车数量的大幅下降，有 57 个城市机动车保有量降幅超过 5 万辆，有 17 个城市机动车保有量降幅超过了 10 万辆，主要集中在浙江、广东和河南等省份的部分城市，如表 3-3 和图 3-11 所示。

2016 年我国机动车年度增幅超过 10 万及降幅超过 10 万的城市 表 3-3

类型	城市
年度增幅超过 10 万辆（30 个）	重庆、成都、东莞、苏州、武汉、上海、合肥、西安、泉州、沈阳、哈尔滨、石家庄、长沙、太原、济南、遵义、南京、青岛、郑州、保定、济宁、福州、昆明、南昌、乌鲁木齐、赣州、惠州、无锡、大同、中山
年度降幅超过 10 万辆（17 个）	杭州、湖州、嘉兴、汕头、周口、茂名、台州、孝感、清远、信阳、南通、琼北、资阳、黄冈、江门、南阳、潍坊

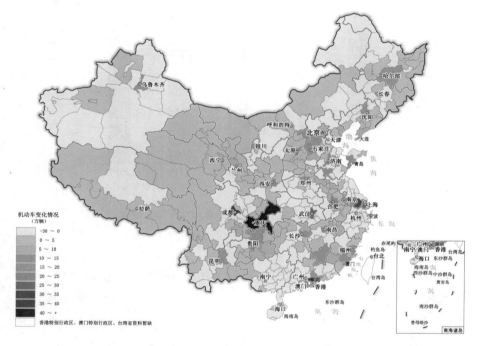

图 3-11   2016 年全国机动车变化情况分布图

注：数据来源于公安部交通管理局。

　　2016 年，我国 36 个大城市机动车保有量共增长了 413.9 万辆，占全国机动车总增长量的 25.9%，整体增长幅度和所占全国比例较 2015 年均有所下降，其中南宁、广州、宁波、天津和杭州还出现了负增长，如图 3-12 所示。

　　2012~2016 年，36 个大城市机动车保有量共增长了 2502.9 万辆，年平

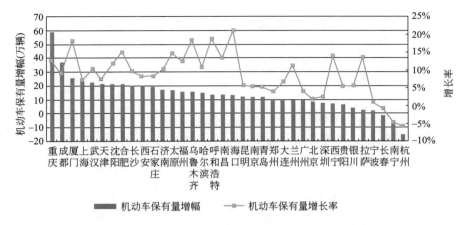

图 3-12　2016 年全国 36 个大城市机动车变化量及变化幅度

注：数据来源于公安部交通管理局。

均增长率达到了 8.6%，9 个城市 5 年内机动车保有量增长超过了 100 万辆，分别为成都（184.3 万辆）、重庆（173.0 万辆）、深圳（124.7 万辆）、郑州、武汉、西安、上海、长沙、南京。7 个城市年均保有量增长率超过了 15%，分别为兰州、乌鲁木齐、武汉、西宁、贵阳、长沙、合肥，如图 3-13 所示。

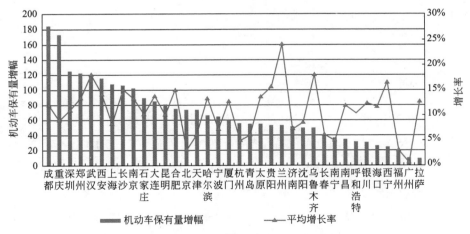

图 3-13　全国 36 个大城市 2012~2016 年机动车增长量及年均增幅

注：数据来源于公安部交通管理局。

3.2 汽车保有状况

3.2.1 汽车保有量

2016 年底，我国汽车保有量超过 100 万辆的城市有 49 个，同比增长了 8 个，超过 200 万辆的城市有 18 个，同比增长了 7 个，有 6 个城市汽车保有量超过了 300 万辆，分别为北京（548.5 万辆）、成都（412.5 万辆）、重庆（328.1 万辆）、上海（322.0 万辆）、深圳（317.6 万辆）、苏州（312.6 万辆）。除了 36 个大城市外，汽车保有量较大的城市主要分布在东部沿海地区，中西部地区的汽车保有量则相对较低，如表 3-4 和图 3-14 所示。

2016 年我国汽车保有量分别超 100 万辆、200 万辆和 300 万辆的城市　表 3-4

类型	城市
汽车在 100 万 ~ 200 万辆之间的城市（31 个）	潍坊、保定、昆明、长沙、临沂、沈阳、温州、济南、唐山、无锡、金华、哈尔滨、长春、合肥、沧州、烟台、大连、南通、台州、太原、邯郸、南宁、泉州、厦门、绍兴、福州、廊坊、常州、济宁、嘉兴、徐州
汽车在 200 万 ~ 300 万辆之间的城市（12 个）	天津、郑州、西安、杭州、武汉、广州、石家庄、东莞、南京、青岛、宁波、佛山
超过 300 万辆的城市（6 个）	北京、成都、重庆、上海、深圳、苏州

注：数据来源于公安部交通管理局。

截至 2016 年底，我国 36 个大城市汽车保有量为 6684.7 万辆，同比增长了 10.86%，占全国汽车保有量的 34.39%，明显高于机动车占全国的比例（25.76%）。5 个城市汽车保有量超过了 300 万辆，同比增加了 2 个，北京 548.5 万辆继续稳居榜首，成都次之为 412.5 万辆，重庆位居第三为 328.1 万辆，其后依次为上海（322.0 万辆）、深圳（317.6 万辆），另外还有 10 个超过 200 万辆的城市，如图 3-15 所示。有 9 个城市虽然汽车保有量超过了 200 万辆，但目前并未采取限号措施，分别为成都、重庆、郑

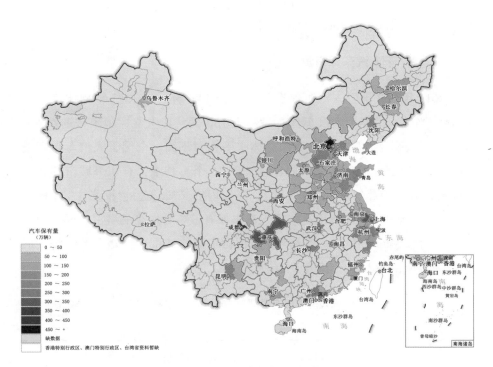

图 3-14　2016 年全国汽车保有量分布图

注：数据来源于公安部交通管理局。

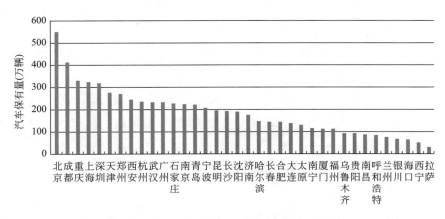

图 3-15　2016 年全国 36 个大城市汽车保有量

注：数据来源于公安部交通管理局。

州、西安、武汉、石家庄、南京、青岛、宁波。

3.2.2 千人汽车保有量

2016年，我国千人汽车保有量平均为141辆，与2015年相比增长了15辆。当前，世界千人汽车保有量约为150辆，其中发达国家普遍在500辆以上，与全球发展相比，我国总体水平相对不高。全国千人汽车保有量超过200辆的城市有53个，同比增加了13个，其中，有4个城市超过了300辆，分别为鄂尔多斯（328辆）、克拉玛依（325辆）、拉萨（320辆）、银川（303辆）。可以看出这些千人汽车保有量相对较高的城市，或是西部人口相对较少的城市，或是矿产资源相对丰富的城市，或是东部经济发展较快的城市，如表3-5和图3-16所示。

我国千人汽车保有量超过200辆的城市和地区　　　　表3-5

类型	城市和地区
千人汽车保有量超过200辆的城市（53个）	鄂尔多斯、克拉玛依、拉萨、银川、珠海、东营、阿拉善、苏州、太原、昆明、乌海、厦门、佛山、海口、西安、郑州、金华、东莞、南京、深圳、中山、呼和浩特、廊坊、乌鲁木齐、宁波、成都、杭州、嘉峪关、北京、长沙、无锡、哈密、济南、青岛、常州、唐山、嘉兴、锡林郭勒、沈阳、威海、三亚、湖州、绍兴、台州、海西、巴音郭楞、玉树、潍坊、武汉、石家庄、淄博、古包头、西宁

注：数据来源于公安部交通管理局，各市国民经济和社会发展统计公报。

2016年，我国36个大城市千人汽车保有量为227辆，同比增加了21辆。有17个城市超过250辆，拉萨最高为348辆，银川次之为304辆，太原位居第三为293辆。有13个城市不足200辆，重庆最低为108辆，其中有4个城市实施了汽车限购政策，分别为贵阳、天津、广州和上海。

与2015年相比，有7个城市的千人汽车保有量增量超过了30辆，拉萨增幅最大为60辆，海口次之为40辆，银川以36辆位居第三位，其他依

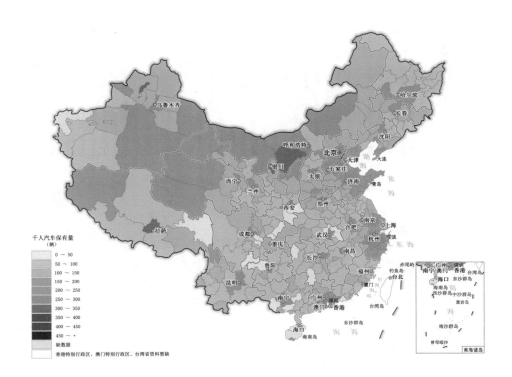

千人汽车保有量
（辆）

0 ～ 50
50 ～ 100
100 ～ 150
150 ～ 200
200 ～ 250
250 ～ 300
300 ～ 350
350 ～ 400
400 ～ 450
450 ～ +
缺数据
香港特别行政区、澳门特别行政区、台湾省资料暂缺

图 3-16　2016 年全国千人汽车保有量分布图

注：数据来源于公安部交通管理局，各市国民经济和社会发展统计公报。

次为厦门、哈尔滨、太原和合肥。有 3 个城市千人汽车保有量出现下降，天津减少了 1 辆，广州减少了 2 辆，深圳减少了 10 辆，这 3 个城市均为实施了汽车限购政策的城市，并且另外 4 个实施汽车限购政策的城市，千人汽车保有量增幅相对其他城市较小，说明限购政策在抑制车辆增长方面成效显著，如图 3-17 所示。

3.2.3　汽车与经济发展

与机动车保有量和 GDP 的关系类似，汽车保有量与 GDP 也呈现线性关系的相关特征，并且线性相关性更强一些，如图 3-18 所示，城市 GDP

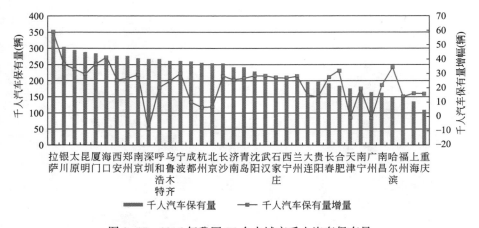

图 3-17　2016 年我国 36 个大城市千人汽车保有量

注：数据来源于公安部交通管理局，各市国民经济和社会发展统计公报。

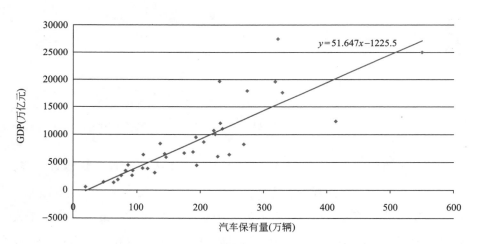

图 3-18　2016 年全国 36 个大城市经济发展与汽车保有量分布图

注：数据来源于公安部交通管理局，各市国民经济和社会发展统计公报。

超过 1 万亿元的 11 个城市，汽车保有量均超过了 220 万辆，GDP 超过 1.5 万亿元的 6 个城市，如，上海、北京、广州、深圳、天津、重庆，汽车保有量也均超过了 300 万辆。而城市 GDP 未到 2500 亿元的 6 个城市，如乌鲁木齐、兰州、银川、海口、西宁、拉萨，汽车保有量均未超过 100 万辆。

从我国 36 个大城市人均 GDP 和千人汽车保有量的关系来看，虽然两者并未呈现出线性的关系，但是也有两方面的特点：一方面，部分城市社会经济发展水平相对高于汽车发展水平，即虽然人均 GDP 相对较高，但是千人汽车保有量相对并不高；另一方面，部分城市社会经济发展水平相对低于汽车发展水平，即人均 GDP 相对不高，但是千人汽车保有量相对较高，如图 3-19 和表 3-6 所示。

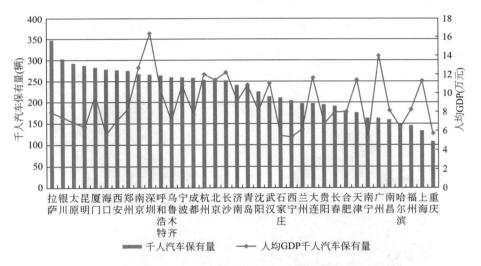

图 3-19　2016 年我国 36 个大城市千人汽车保有量和人均 GDP 关系

注：数据来源于公安部交通管理局，各市国民经济和社会发展统计公报。

我国千人汽车保有量和人均 GDP 关系城市列表　　　　　　　　　表 3-6

特征	城市
社会经济发展水平相对高于汽车发展水平	上海、广州、天津、深圳、大连、福州、重庆、武汉、南昌、长沙、南京、杭州、北京、青岛、合肥、哈尔滨、宁波、长春
社会经济发展水平相对低于汽车发展水平	海口、昆明、拉萨、太原、银川、西安、石家庄、西宁、乌鲁木齐、成都、郑州、兰州、南宁、厦门、贵阳、沈阳、济南、呼和浩特

注：数据来源于公安部交通管理局，各市国民经济和社会发展统计公报。

3.2.4 汽车占机动车比例

2016 年底，我国汽车占机动车保有量的比例为 66.0%，同比增长超过了 4 个百分点，如图 3-20 所示。从区位分布来看，东北地区、西部地区、东部沿海地区的城市汽车占机动车保有量的比例较高，原因有两方面：一方面，部分城市由于冬季较为寒冷，不适合摩托车骑行，所以汽车占比较高；另一方面，部分城市社会经济发展较好，社会公众可支配收入较高，汽车购买力相对较高。我国南方地区的城市，由于冬季相对较为温和，一年四个季节都适合摩托车骑行，所以部分城市汽车占机动车保有量的比例相对较低，如云南保山、广西钦州和广东江门等城市。

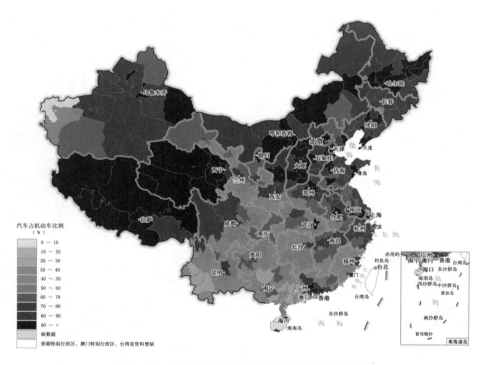

图 3-20 2016 年全国汽车占机动车比例分布图

注：数据来源于公安部交通管理局。

我国 36 个大城市汽车占机动车保有量比例的平均值为 89.8%，高出全国平均水平 23.8 个百分点，说明这些城市机动车结构中汽车占比较高。其中，14 个城市的汽车占机动车保有量比例超过了 95%，太原和南昌 2 个城市超过了 99%，深圳、沈阳、乌鲁木齐、天津、呼和浩特、北京和西宁 7 个城市超过了 97%。有 4 个城市汽车占机动车保有量比例未到达 80%，分别为厦门（78.4%）、贵阳（77.0%）、南宁（66.4%）和重庆（64.6%），这些城市均为南方地区城市，一年四季气候相对较好，适合摩托车骑行，如图 3-21 所示。

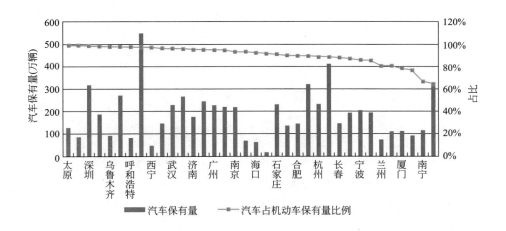

图 3-21　2015 年 36 个大城市汽车占机动车比例及增幅

注：数据来源于公安部交通管理局。

从 2016 年我国 36 个大城市汽车占机动车保有量比例的同比增幅来看，有 13 个城市的增幅超过了 5%，说明这些城市汽车的增速明显快于机动车总量的增速。其中，宁波增幅最大为 10.8%，长春次之为 9.1%，南宁位居第三为 66.4%，其他依次为呼和浩特、厦门、银川、杭州、石家庄、青岛、郑州、长沙、合肥、海口，如图 3-22 所示。

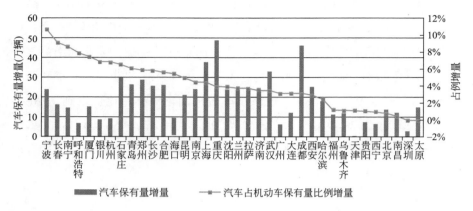

图3-22　2016年36个大城市汽车占机动车比例同比增幅

注：数据来源于公安部交通管理局。

3.2.5　市区汽车保有状况

2016年底，我国36个大城市中，有25个城市市区汽车保有量超过了100万辆，分别为北京、深圳、上海、天津、成都、武汉、西安、重庆、广州、杭州、郑州、南京、沈阳、昆明、济南、太原、青岛、长沙、哈尔滨、厦门、长春、石家庄、宁波、合肥、大连，其中排名前10位的城市市区超过了200万辆，如图3-23所示。

3.2.6　汽车保有量发展变化情况

2016年，全国全年新注册登记2752万辆，同比增加367万，增长14.7%。全年实际增加汽车2212万辆（扣除报废数量），同比增加431万。2012~2016年，我国汽车保有量共增长8861万辆，增幅高达83.8%，每年增长均超过了10%，年均增长率为12.9%，均远远高于机动车的增幅（6991万辆）和年均增长率（5.6%），并且增长数量年年递增，如图3-24所示。

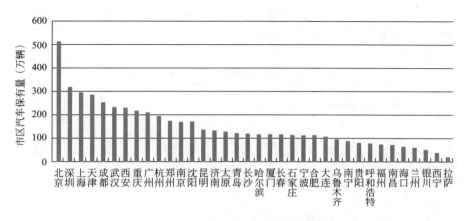

图 3-23　2016 年 36 个大城市市区汽车保有量

注：数据来源于公安部交通管理局。

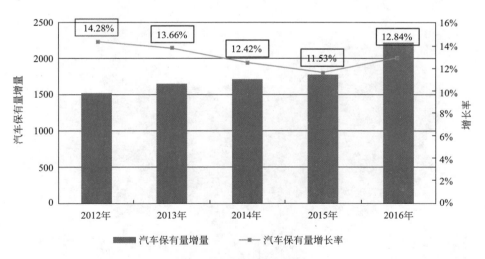

图 3-24　2012~2016 年我国汽车保有量增长情况

注：数据来源于公安部交通管理局。

2016 年，我国有 58 个城市汽车保有量增幅超过 10 万辆，同比增加了 16 个，其中 3 个城市增幅超过 40 万辆，重庆居首为 49.1 万辆，成都次之为 46.3 万辆，苏州位居第三为 43.8 万辆。增幅超过 10 万辆的城市，大部分为东部沿海地区的城市，这些城市社会经济发展较快，汽车保有量增幅相对较大，如表 3-7 和图 3-25 所示。

2016 年我国汽车年度增幅超过 10 万辆的城市　　　　　表 3-7

类型	城市
年度增幅超过 40 万辆（3 个）	重庆、成都、苏州
年度增幅在 20 万~40 万辆（19 个）	东莞、上海、武汉、石家庄、郑州、青岛、合肥、长沙、西安、临沂、保定、佛山、宁波、沈阳、南京、惠州、温州、昆明、济南
年度增幅在 10 万~20 万辆（36 个）	哈尔滨、金华、南通、唐山、潍坊、济宁、台州、沧州、徐州、长春、无锡、厦门、太原、南宁、烟台、嘉兴、北京、邯郸、绍兴、常州、邢台、泉州、乌鲁木齐、廊坊、商丘、大连、南昌、盐城、中山、福州、遵义、南阳、兰州、菏泽、赣州、清远

注：数据来源于公安部交通管理局。

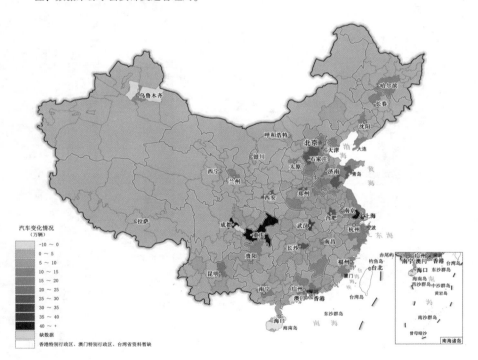

图 3-25　2016 年全国汽车变化情况分布图

注：数据来源于公安部交通管理局。

2016 年，我国 36 个大城市汽车保有量共增长 655 万辆，占全国汽车保有量增长的 29.6%。每个城市年平均增量为 18.2 万辆，36 个大城市中，16 个城市的年增量超过了平均值，4 个城市超过了 30 万辆。10 个城市汽车保有量增量未超过 10 万辆，其中杭州、贵阳、广州、深圳和天津均为实施汽车限购政策的城市。从汽车保有量增长率来看，12 个城市增速超过了 15%，合肥增速最快为 22.3%，海口次之为 18.2%，重庆位居第三为 17.6%，其他城市依次为兰州、武汉、南昌、厦门、西宁、哈尔滨、乌鲁木齐、长沙、石家庄。有 8 个城市增长率低于 10%，除了大连和呼和浩特之外，其他 6 个城市均为实施汽车限购政策的城市，如图 3-26 所示。

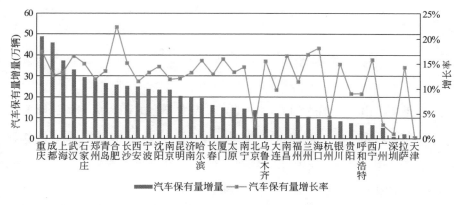

图 3-26 2016 年我国 36 大城市汽车增量及增长率

注：数据来源于公安部交通管理局。

2012~2016 年，我国 36 个大城市汽车保有量共计增长了 3031 万辆，年均增长率达到了 12.9%。有 11 个城市 5 年增量超过了 100 万辆，成都位居首位为 219 万辆，重庆次之为 198 万辆，郑州位居第三为 150 万辆，其他城市依次为武汉、上海、西安、深圳、南京、石家庄、长沙、青岛，如图 3-27 所示。

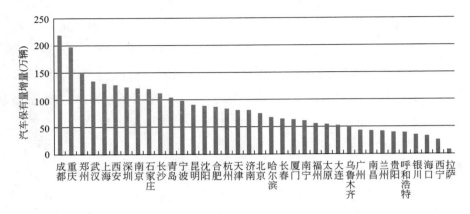

图 3-27　2012~2016 年我国 36 个大城市汽车保有量增量

注：数据来源于公安部交通管理局。

3.3　摩托车保有情况

近年来，由于受国家相关政策和交通需求等多方面因素影响，我国摩托车保有量持续下降。2016 年，我国摩托车保有量为 8162 万辆，同比减少了 633 万辆。2012~2016 年，我国摩托车保有量总量减少了 2016 万辆，2016 年，逐步由机动车最主要的组成部分退至次要组成部分。

2016 年，36 个大城市摩托车保有量为 704 万辆，同比减少了 245 万辆，占 36 个大城市机动车保有量的 9.5%，占比比 2015 年下降了 4%，呈现逐年下降的趋势。有 6 个城市超过了 30 万辆，其中重庆位居榜首为 178.3 万辆，南宁次之为 57.9 万辆，成都排名第三为 51.2 万辆，其他城市依次为昆明 32.8 万辆，宁波为 31.2 万辆，上海为 30.7 万辆，这些城市均为一年四季气温相对较高的城市，适合摩托车骑行。从摩托车保有量变化来看，2016 年有 9 个城市降幅超过 10 万辆，分别为宁波下降最高为 26.3 万辆，杭州次之为 19.7 万辆，南宁排名第三位为 15.4 万辆，其他城市依次为：郑州（15.1 万辆）、石家庄（14.7 万辆）、长春（14.4 万辆）、青岛（12.8 万辆）、上海（12.2 万辆）、长沙（10.1 万辆），这些城市摩托车保有量的基数较大，气候适合摩托车骑行，但是随着社会经济的发展，社会公众的汽车购买力逐渐增强，摩托车交通方式逐渐向汽车转移，所以导致下降趋势，如图 3-28 所示。

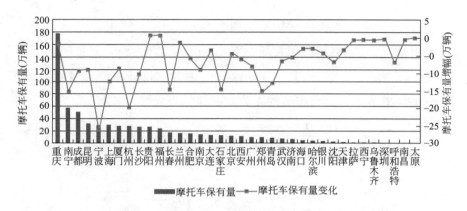

图 3-28   2016 年我国 36 个大城市摩托车保有量变化情况

注：数据来源于公安部交通管理局。

第4章　城市机动车驾驶人发展情况

2016 年，我国机动车驾驶人达到了 3.58 亿人，同比增长了 3021 万人，增长了 9.2%。其中汽车驾驶人为 3.1 亿人，占驾驶人总量的 87.5%，同比增长了 3255 万人，增长了 11.6%。随着我国机动车保有量的快速增长，2012～2016 年，机动车驾驶人数量同样呈现大幅增长趋势，年均增量达 2439 万人，如图 4-1 所示。

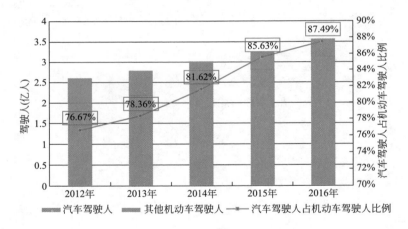

图 4-1　2012～2016 年我国机动车驾驶人总体发展情况

注：数据来源于公安部交通管理局。

4.1　机动车驾驶人

4.1.1　机动车驾驶人数量

随着城市机动车的增长，城市机动车驾驶人数量也在持续增加。2016

年，16 个城市机动车驾驶人超过 300 万人，分别为北京、重庆、上海、成都、广州、天津、杭州、武汉、西安、深圳、郑州、苏州、潍坊、南京、青岛、佛山，其中 4 个城市超过了 500 万人，北京居首为 1041 万人。总体上看，全国机动车驾驶人主要还是集中于中东部和南部地区，除 36 个大城市外，环渤海、长三角、珠三角地区相对集中，如图 4-2 所示。

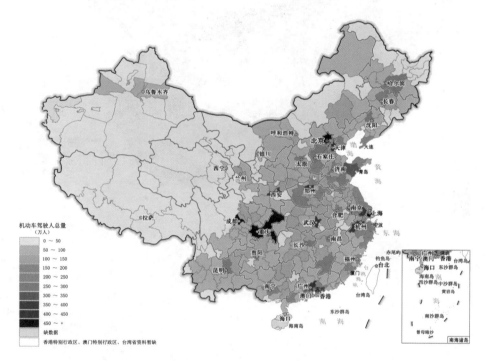

图 4-2　2016 年我国机动车驾驶人总量分布图

注：数据来源于公安部交通管理局。

2016 年，全国机动车驾驶人占总人口的 25.9%，相当于每 4 个人中就有 1 人持有机动车驾驶证。有 14 个城市机动车驾驶人占城市人口的比例超过了 40%，整个城市接近一半的人持有机动车驾驶证，分别为阿拉善、珠海、北京、克拉玛依、铜陵、嘉峪关、金华、佛山、西安、杭州、鄂尔多斯、中山、昆明、哈密，如图 4-3 所示。

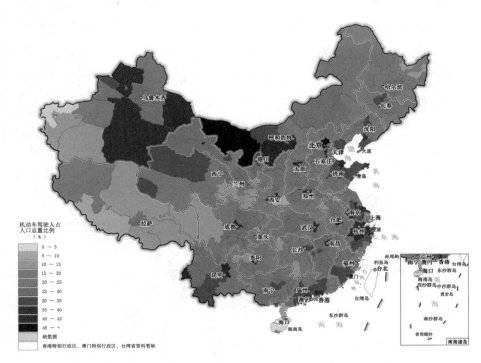

图 4-3　2016 年我国机动车驾驶人占人口总量比例分布图

注：数据来源于公安部交通管理局。

我国 36 个大城市机动车驾驶人总量为 11626 万人，占全国机动车总驾驶人的 32.5%，高于 36 个大城市机动车保有量占全国机动车保有总量的比例（25.8%）。36 个大城市中有 31 个城市机动车驾驶人超过了 100 万人，其中 26 个城市超过了 200 万人。从 36 个大城市机动车驾驶人占城市人口的比例来看，36 个大城市机动车驾驶人总数量占总人口的 36.2%，有 9 个城市的比例超过了 40%，分别为北京、昆明、杭州、西安、成都、宁波、南京、厦门、郑州，其中北京超过了 50%。有 9 个城市的比例不足 30%，分别为石家庄、哈尔滨、兰州、天津、重庆、乌鲁木齐、合肥、西宁、拉萨，如图 4-4 所示。

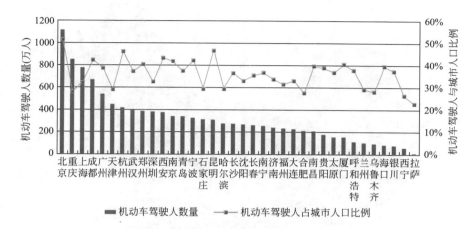

图 4-4　2016 年我国 36 个大城市机动车驾驶人数量与城市人口比例

注：数据来源于公安部交通管理局。

4.1.2　机动车驾驶人与机动车保有量关系

2016 年，全国机动车驾驶人数量与机动车保有量的比例为 1.2∶1，有 27 个城市的比例超过了 2∶1，分别为汕尾、黑河、吉安、绥化、天门、抚州、抚顺、鸡西、咸阳、铜川、河源、昌都、景德镇、南昌、伊春、海东、上饶、塔城、白山、周口、宜春、晋中、牡丹江、萍乡、营口、开封、盐城。全国有 150 多个城市机动车驾驶人数量与机动车保有量的比例超过了 1.5∶1，这些城市主要分布于西部地区和内陆地区，如图 4-5 所示。数据说明，这些地区的城市，驾驶人数量相对机动车保有偏高，机动车相对偏少，机动车还有很大的发展空间，机动车增速也比较快。

我国 36 个大城市，机动车驾驶人总量与机动车保有量总量的比例为 1.6∶1，有 11 个城市的比例超过了 1.6∶1，分别为南昌、广州、上海、北京、哈尔滨、福州、重庆、武汉、长春、天津、杭州，其中南昌（2.45∶1）、广州（2.24∶1）和上海（2.17∶1）3 个城市超过了 2∶1，如图 4-6 所示。

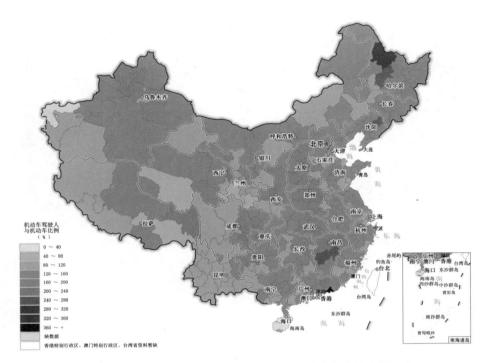

图 4-5　2016 年全国机动车驾驶人数量与机动车保有量比例分布

注：数据来源于公安部交通管理局。

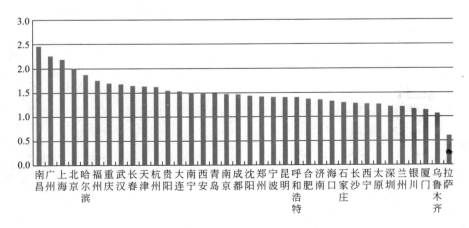

图 4-6　2016 年我国 36 个大城市机动车驾驶人与机动车保有量之比

注：数据来源于公安部交通管理局。

4.1.3　机动车驾驶人数量发展变化情况

2016 年，全国机动车驾驶人数量达 3.58 亿人，较 2015 年增加 3021 万人（扣除注销量），增长 9.2%，高于机动车保有量的增长速度。2012~2016 年，我国新增驾驶人 1.2 亿人，总体增幅达到了 46.7%。从 5 年间每年的增量变化来看，2013 年增幅最小，这与全国实施了修订的《机动车驾驶证申领和使用规定》具有一定关系，由于提升了驾驶人考试要求，对考试通过率造成影响。2014 年起，驾驶人增幅又开始回升，如图 4-7 所示。

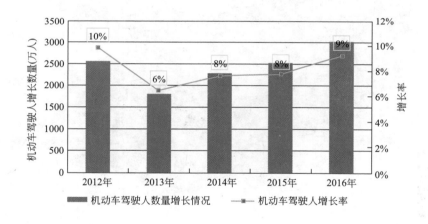

图 4-7　2012~2016 年全国机动车驾驶人年增长情况

注：数据来源于公安部交通管理局。

2016 年，全国有 101 个城市机动车驾驶人增幅超过 10 万人，其中，32 个城市超过 20 万人。数据显示，我国城市机动车驾驶人数量普遍增幅较大。从地域来看，除了 36 个大城市之外，主要增长点依然集中于环渤海、长三角、珠三角地区，以及河南、江西、贵州、甘肃等省份，如表 4-1 和图 4-8 所示。

2016 年我国机动车驾驶人年度增幅超过 20 万人的城市　　表 4-1

类型	城市
机动车驾驶人年度增幅超过 20 万人（32 个）	重庆、成都、北京、武汉、郑州、苏州、广州、东莞、杭州、上海、温州、商丘、石家庄、南京、南阳、长沙、深圳、周口、合肥、淮南、宁波、青岛、天津、保定、昆明、沈阳、南昌、惠州、南宁、贵阳、台州、长春

注：数据来源于公安部交通管理局。

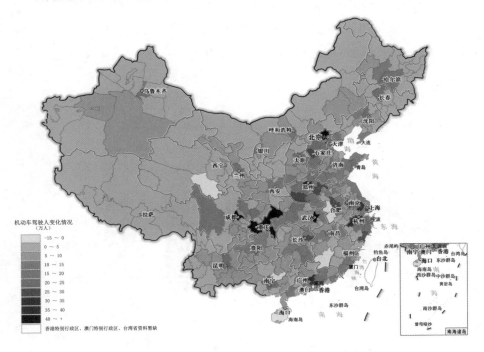

图 4-8　2016 年全国机动车驾驶人变化情况分布图

注：数据来源于公安部交通管理局。

2016 年，我国 36 个大城市机动车驾驶人共增长 940.7 万人，占全国总增长人数的 31.1%。36 个大城市机动车驾驶人同比增幅均较大，除了银川、西宁、海口和拉萨 4 个城市外，其他 32 个城市增幅均超过了 10 万人，有 8 个城市的增幅超过了 30 万人，分别为重庆、成都、北京、武汉、郑州、广州、杭州、上海，重庆最高为 97.0 万人，成都次之为 70.3 万人，

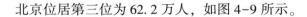

北京位居第三位为 62.2 万人，如图 4-9 所示。

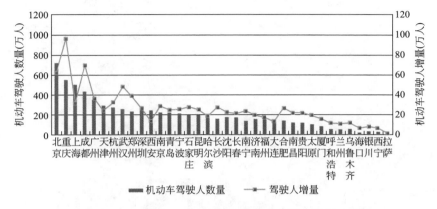

图 4-9　2016 年我国 36 个大城市机动车驾驶人数量及增量

注：数据来源于公安部交通管理局。

4.2　汽车驾驶人

4.2.1　汽车驾驶人数量

和车辆情况一样，相比于机动车驾驶人，汽车驾驶人的情况也是更能直接反映汽车社会发展的进程。2016 年底，我国有 14 个城市汽车驾驶人超过了 300 万人，分别为北京、上海、重庆、成都、天津、广州、武汉、西安、杭州、深圳、郑州、苏州、南京和青岛，其中北京汽车驾驶人已经超过了 1000 万人，遥遥领先于其他城市。总体上看，与机动车驾驶人分布情况类似，全国汽车驾驶人除 36 大城市外，更集中于环渤海、长三角、珠三角地区，中东部地区整体要高出西部地区，如图 4-10 所示。

2016 年，我国有 57 个城市的汽车驾驶人数量占城市人口数量比例超过了 30%，如表 4-2 所示，其中有 7 个城市的比例超过了 40%，分别为阿拉善、北京、珠海、克拉玛依、西安、嘉峪关、金华。从全国地域分布来

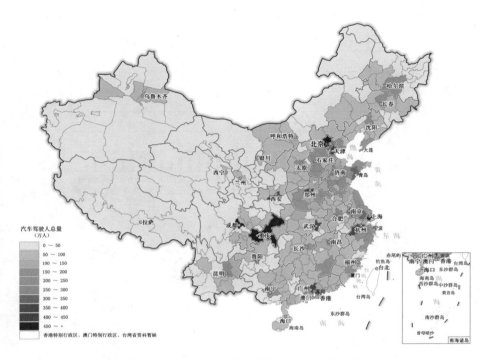

图 4-10　2016 年全国汽车驾驶人总量分布图

注：数据来源于公安部交通管理局。

看，环渤海、长三角、珠三角和内蒙古、青海、新疆是汽车驾驶人占城市总人口比例最高的区域，如图 4-11 所示。

2016 年我国汽车驾驶人占城市人口比例超过 30％的城市　　表 4-2

类型	城市
汽车驾驶人占城市人口比例超过 30％的城市（57个）	阿拉善、北京、珠海、克拉玛依、西安、嘉峪关、金华、鄂尔多斯、杭州、哈密、东营、铜陵、昆明、郑州、南京、佛山、呼和浩特、宁波、常州、廊坊、太原、成都、南昌、巴音郭楞、武汉、营口、银川、乌海、镇江、泰州、贵阳、厦门、济源、青岛、绍兴、威海、淄博、嘉兴、长沙、中山、湖州、潍坊、塔城、唐山、苏州、无锡、秦皇岛、惠州、台州、东莞、海西、深圳、沈阳、烟台、济南、长春、海口

注：数据来源于公安部交通管理局。

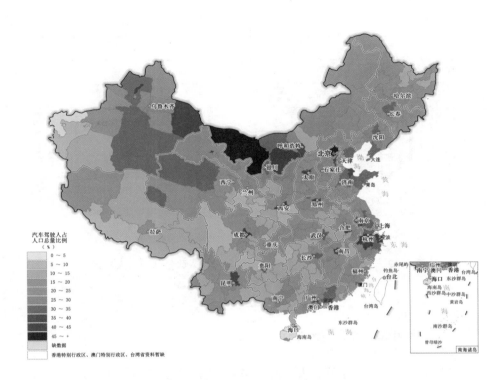

图 4-11　2016 年全国汽车驾驶人占人口总量比例分布

注：数据来源于公安部交通管理局。

2016 年底，我国 36 个大城市汽车驾驶人总量为 9998.8 万人，占全国汽车驾驶人总量的 32.0%，高于机动车驾驶人占全国比例，这说明 36 个大城市的机动车驾驶人结构中，汽车驾驶人比例偏高。有 22 个城市汽车驾驶人数量占城市人口的比例超过了 30%，其中有 10 个城市超过了 35%，即城市人口中每 3 人中就有 1 人取得汽车驾驶证，分别为北京、西安、杭州、昆明、郑州、南京、呼和浩特、宁波、太原、成都，北京最高为 47.69%，西安次之为 41.40%，杭州位居第三位为 39.74%，如图 4-12 所示。

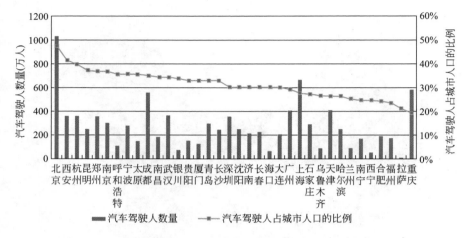

图 4-12   2016 年我国 36 个大城市汽车驾驶人数量与城市人口比例

注：数据来源于公安部交通管理局。

4.2.2   汽车驾驶人与汽车保有量关系

2016 年，全国汽车驾驶人与汽车保有量的比例为 1.61∶1，有 11 个城市的比例超过了 3∶1，分别为汕尾、天门、来宾、崇左、河源、资阳、贵港、仙桃、黑河、内江、抚州。总体来看，我国中南部地区的这一比例要高于北方和江浙地区，全国大部分城市都处于（1.5～2.5）∶1 之间，显示出汽车保有量增长的巨大潜力，而华中、江淮、华南和东北地区是保有量增长潜力最大的区域，如图 4-13 所示。

我国 36 个大城市汽车驾驶人总量占汽车保有量总量的比例为 1.5∶1，有 11 个城市的比例超过了 1.5∶1，分别为南昌、上海、北京、重庆、广州、哈尔滨、贵阳、福州、武汉、长春、杭州，其中南昌最高为 2.2∶1，上海次之为 2.1∶1，北京位居第三位为 1.9∶1。36 个大城市与国内其他城市相比，汽车驾驶人占汽车保有量的比值普遍偏小。数据说明，这些城市汽车发展较快，人均汽车占有率较高，如图 4-14 所示。

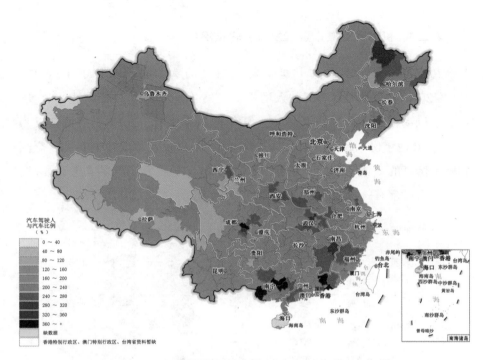

图 4-13　2016 年全国汽车驾驶人数量与汽车保有量比例分布图

注：数据来源于公安部交通管理局。

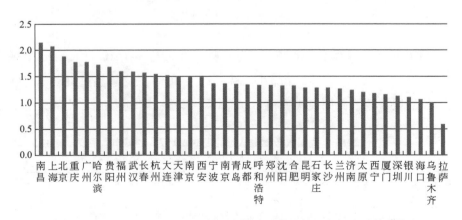

图 4-14　2016 年 36 个大城市汽车驾驶人数量与汽车保有量的比值

注：数据来源于公安部交通管理局。

4.2.3 机动车驾驶人数量发展变化情况

2016 年，全国新增汽车驾驶人 3254.7 万人，同比增长了 11.61%。2012~2016 年，我国汽车驾驶人增长了 1.39 亿人，总体增幅高达 80.0%，远高于机动车驾驶人的增长速度。从年增长率来看，2013 年最低，仅为 9.2%，其他年份均超过了 10%，这与 2013 年驾驶人考试政策有关，全国实施了修订的《机动车驾驶证申领和使用规定》，提升了驾驶人考试要求，对考试通过率有一定的影响，如图 4-15 所示。

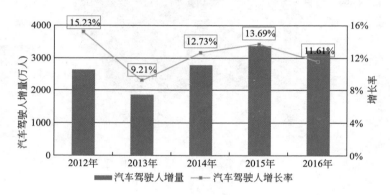

图 4-15　2012~2016 年全国汽车驾驶人年增长情况

注：数据来源于公安部交通管理局。

2016 年，全国有 114 个城市汽车驾驶人增幅超过了 10 万人，36 个城市增幅超过了 20 万人，12 个城市增幅超过了 30 万人，均超过机动车驾驶人增长的城市数量，如表 4-3 所示。总体上来看，驾驶人的增长量集中于

2016 年我国汽车驾驶人增幅超过 20 万人的城市　　　　表 4-3

类型	城市
增幅超过 30 万人（12 个）	重庆、成都、北京、武汉、郑州、苏州、广州、东莞、上海、杭州、南阳、商丘
增幅 20 万~30 万人（24 个）	温州、南京、石家庄、周口、长沙、合肥、深圳、宁波、青岛、赣州、保定、天津、昆明、南宁、南昌、淮南、台州、沈阳、惠州、洛阳、长春、贵阳、南通、新乡

河北、江苏、浙江、安徽、山东、河南等中东部地区，渤海、黄海、东海沿海城市形成了最为集中的连片区域，如图 4-16 所示。

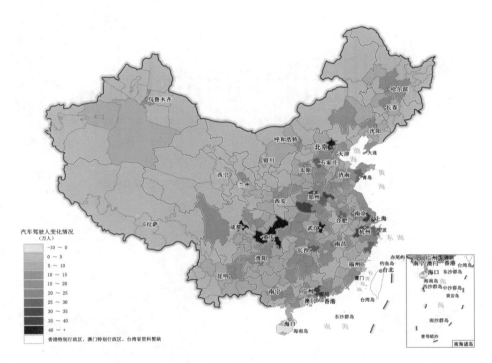

图 4-16　2016 年全国汽车驾驶人变化情况分布图

注：数据来源于公安部交通管理局。

　　2016 年，我国 36 个大城市中，有 22 个城市的汽车驾驶人数量同比增幅超过 20 万人，其中，8 个城市超过了 30 万人，分别为重庆、成都、北京、武汉、郑州、广州、上海、杭州，重庆最高为 89.9 万人，成都次之为 67.3 万人，北京位居第三位为 59.4 万人，如图 4-17 所示。

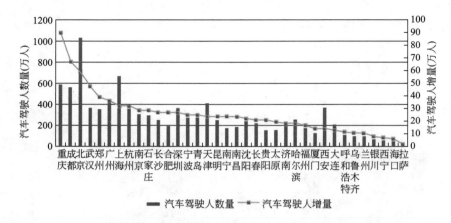

图 4-17　2016 年我国 36 个大城市汽车驾驶人数量及增幅

注：数据来源于公安部交通管理局。

第 5 章　城市道路交通管理执法

2016 年，全国公安交通管理部门主动适应道路交通管理工作新形势、新变化，紧紧围绕"防风险、破难题、补短板"的目标任务，以春运、小长假、全国"两会"以及 G20 峰会为重要节点，紧盯农村、高速、城市三个主要阵地，加强研判分析，把握规律特点，优化勤务部署，突出重点时段和路段，加大执法力度，及时查纠严重影响道路通行秩序和安全的交通违法行为，有力保障了道路交通安全畅通。

5.1　交通违法查处情况

公安交通管理部门查处交通违法力度继续加大。2016 年全国查处道路交通违法量较 2015 年上升 21.9%。其中，现场与非现场查处量分别占总量的 24.4% 和 75.6%。

城市道路上的交通违法查处量占比较大。2016 年全国查处城市道路上的交通违法量同比上升 21.9%，城市道路上的交通违法查处量约占全国道路交通违法查处量的 2/3。其中，现场查处同比上升 26.7%，占查处总量的 15.9%；非现场查处同比上升 21.1%，占查处总量的 84.1%。

36 个大城市交通违法查处量占全国总量高达 25%。2016 年，36 个大城市查处交通违法量同比上升 19.3%。交通违法处罚量最多的 5 个城市分别是北京、上海、成都、南京和杭州，如图 5-1 所示。

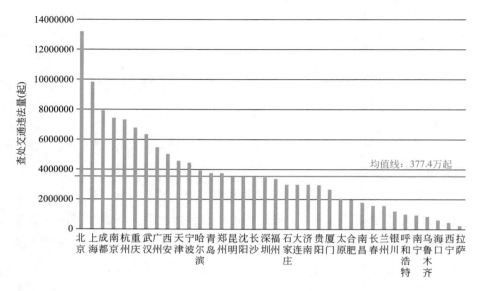

图 5-1 2016 年 36 个大城市交通违法查处量

注：数据来源于公安部交通管理局。

5.1.1 现场交通违法查处量

全国现场查处交通违法数量上升。2016 年全国现场查处交通违法量同比上升 22.1%，现场查处量占总查处量的 24.4%。从违法种类看，现场查处量占比位列前五位的交通违法行为是：驾驶人未按规定使用安全带（6.4%）、安全设施不全（6.1%）、不走非机动车道（5.1%）、未按规定喷涂放大号（3.6%）、机动车在高速公路和城市快速路以外的道路上不按规定车道行驶（3.2%），如图 5-2 所示。

36 个大城市交通违法现场查处量占查处总量的比例首次回升。2016 年，36 个大城市交通违法现场查处量占查处总量的比例平均为 19.9%，这一比例较上年增加 2 个百分点，反映出了 2016 年这些大城市现场路面管控和执法力度的加大，如图 5-3 所示。

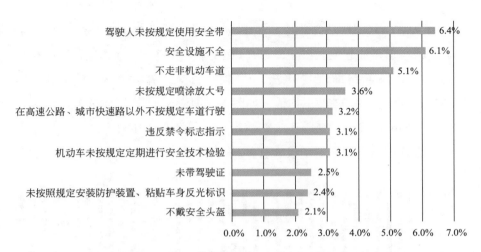

图 5-2　2016 年全国现场查处的主要违法行为占比情况

注：数据来源于公安部交通管理局。

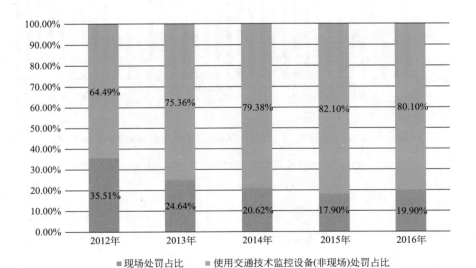

图 5-3　2012~2016 年 36 个大城市现场和非现场交通违法处罚占比情况

注：数据来源于公安部交通管理局。

交通违法现场查处量占查处总量的比例位列前 5 位的城市为：乌鲁木齐（71.6%）、上海（59.6%）、南宁（55.1%）、长春（46.6%）和拉萨（34.4%）。值得注意的是，上海市在 2016 年开展道路交通违法行为大整治行动中，加强了路面现场执法，当年现场交通违法查处量占比达到 59.6%，远高于 19.9% 的平均值，如图 5-4 所示。此外，南宁市近年来开展了严厉的电动自行车交通违法整治行动，现场交通违法查处量占比也高达 55.1%，路面秩序得到了极大改善。

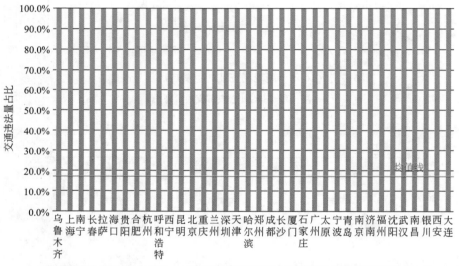

图 5-4　2016 年 36 个大城市现场和非现场交通违法处罚占比情况

注：数据来源于公安部交通管理局。

5.1.2　非现场交通违法处罚量

查处非现场交通违法量继续上升。2016 年，各地公安交通管理部门加大科技投入，增设交通技术监控设备，加大非现场执法力度，认真落实交通违法告知有关规定，全国共查处非现场交通违法同比上升 21.9%，非现场交通违法查处量占总量的 75.6%。

36 个大城市非现场交通违法查处量占查处总量的比例平均为 80.1%，2014～2016 年持续稳定在 80% 附近水平。

5.1.3　各类交通违法行为处罚量

超速行驶位列查处量第一位。2016 年，全国交通违法查处量排名前十位的交通违法行为分别是：超速行驶（16.8%）、不按规定停车（16.1%）、违反禁令标志指示（9.1%）、违反禁止标线指示（8.7%）、不按导向车道行驶（8.2%）、驾驶机动车违反道路交通信号灯通行（5.9%）、驾驶人未按规定使用安全带（3.2%）、驾驶机动车在高速公路和城市快速路以外的道路上不按规定车道行驶（2.9%）、逆向行驶（2.6%）、机动车违规使用专用车道（1.6%），如表 5-1 所示。

2016 全国查处量位列前十位的交通违法行为　　　　表 5-1

违法内容	占当年总违法查处量比例
超速行驶	16.8%
不按规定停车	16.1%
违反禁令标志指示	9.1%
违反禁止标线指示	8.7%
不按导向车道行驶	8.2%
驾驶机动车违反道路交通信号灯通行的	5.9%
驾驶人未按规定使用安全带的	3.2%
驾驶机动车在高速公路、城市快速路以外的道路上不按规定车道行驶的	2.9%
逆向行驶	2.6%
机动车违规使用专用车道	1.6%

注：数据来源于公安部交通管理局。

5.1.4　各类交通参与者交通违法处罚量

机动车交通违法查处量仍保持最高占比。2016 年，全国机动车交通违法查处量占比为 94.4%，非机动车交通违法查处量占比为 2.9%，行人交通违法占比为 1%，其他交通违法查处量占比 1.7%，如图 5-5 所示。

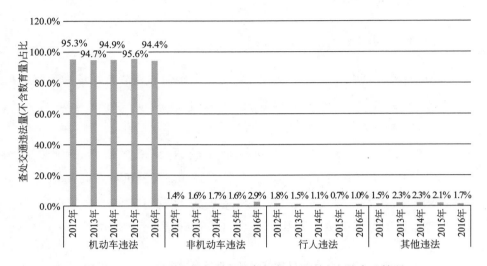

图 5-5　2012~2016 年各类交通参与者交通违法查处占比情况

注：数据来源于公安部交通管理局。

非机动车和行人交通违法处罚比例上升。在机动车交通违法查处比例基本保持不变的情况下，由于 2016 年公安交通管理部门大力狠抓非机动车和行人路面交通秩序管理，非机动车和行人交通违法处罚占比有较大提升，非机动车违法处罚量从 2015 年的 1.6% 提高到了 2016 年的 2.9%，行人违法处罚量从 2015 年的 0.7% 上升到 2016 年的 1.0%。

5.1.5　采取强制措施查处交通违法情况

采取行政强制措施同比有所上升。2016 年全国查处交通违法过程中采取强制措施同比上升 10.6%，其中扣留机动车、扣留驾驶证、收缴非法装置、拖移机动车、血液检查数量同比分别上升 7.7%、18.3%、4.7%、32.2%、18.6%。

行政拘留人数同比有所上升。全国公安交通管理部门对交通违法行为人处以行政拘留处罚数量同比上升 17.5%。其中，因无证驾驶处以行政拘留处罚的占 74.3%；因饮酒后驾驶机动车被处罚再次饮酒后驾驶机动车处以行政拘留处罚的占 6.1%。

5.2　机动车交通违法查处情况

全国机动车交通违法处罚量继续攀升。2016 年，全国共查处机动车交通违法同比上升 20.6%，机动车交通违法查处量占总违法查处量的 94.4%。

2016 年，36 个大城市车均交通违法查处量为 1.7 起/辆，同比上升 6.3%。车均违法查处量位列前 5 的城市依次为：南京（3.2 起/辆）、杭州（2.9 起/辆）、上海（2.8 起/辆）、武汉（2.6 起/辆）和哈尔滨（2.6 起/辆），如图 5-6 和图 5-7 所示。

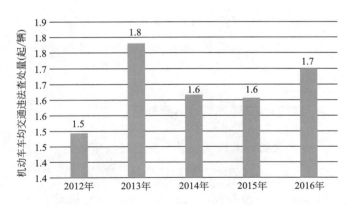

图 5-6　2012~2016 年 36 个大城市车均交通违法查处量

注：数据来源于公安部交通管理局。

2016 年，36 个大城市驾驶人人均交通违法查处量为 1.3 起/人，同比上升 9.2%。接近 2/3 的城市驾驶人人均违法量高于平均值，人均违法查

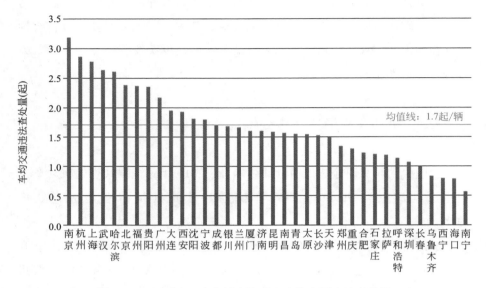

图 5-7　2016 年 36 个大城市机动车车均交通违法查处量

注：数据来源于公安部交通管理局。

处量位列前 5 的城市依次为：南京（2.4 起/人）、拉萨（2.2 起/人）、杭州（1.9 起/人）、厦门（1.9 起/人）和贵阳（1.8 起/人），如图 5-8 所示。

5.2.1　各类机动车交通违法行为查处量

2016 年，36 个大城市非现场机动车交通违法查处量占比最大的是不按规定停车（28.5%），其后依次为违反禁令标志指示（13.2%）、违反禁止标志指示（10.3%）、不按导向车道行驶（9.5%）、机动车违反信号灯通行（5.5%）、超速行驶（4.5%），如表 5-2 所示。

现场机动车交通违法查处量占比最大的是违反禁令标志指示（10.8%），其后依次是违反禁止标志指示（3.4%）、不按规定停车（3.2%）、机动车未按规定定期检验（2.8%）、安全设施不全（1.7%）、

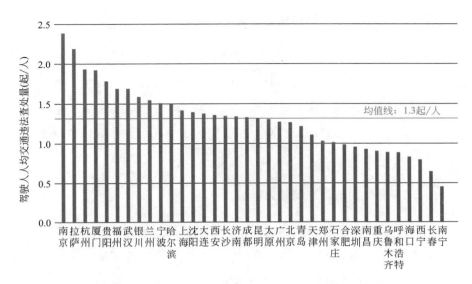

图 5-8　2016 年 36 个大城市驾驶人人均交通违法查处量

注：数据来源于公安部交通管理局。

酒驾（0.9%），如表 5-2 所示。

2016 年 36 个大城市现场和非现场机动车交通违法行为查处情况 表 5-2

非现场执法（使用交通技术监控设备）查处主要交通违法行为	非现场执法（使用交通技术监控设备）查处占比	现场执法查处主要交通违法行为	现场执法查处占比
不按规定停车	28.5%	违反禁令标志指示	10.8%
违反禁令标志指示	13.2%	违反禁止标线指示	3.4%
违反禁止标线指示	10.3%	不按规定停车	3.2%
不按导向车道行驶	9.5%	机动车未按规定定期检验	2.8%
机动车违反信号灯通行	5.5%	安全设施不全	1.7%
超速行驶	4.4%	酒驾	0.9%
不按规定车道行驶	0.0%	未按规定使用安全带	0.1%
其他	28.6%	其他	77.1%
小计（人次）	100.0%	小计（人次）	100.0%

注：数据来源于公安部交通管理局。

5.2.2 各类车型交通违法查处量

各类型机动车的交通违法处罚量分别为：小、微型客车交通违法 4.08 亿起，占总量的 74.7%；大、中型客车 242 万起，占总量的 0.4%；重、中型货车 2862.2 万起，占总量的 5.2%；轻、微型货车 2528.9 万起，占总量的 4.6%；牵引车 3221.2 万起，占总量的 5.9%；摩托车 1917.3 万起，占总量的 3.4%。

5.2.3 受处罚机动车驾驶人年龄

全国共有 1.45 亿驾驶人因交通违法受到处罚。年龄方面，受处罚的驾驶人主要分布在 30~39 岁之间，占总量的 35.2%。驾龄方面，1~5 年驾龄的驾驶人被查处较多，分别占 5.4%、8.2%、7%、7.4%、7.9%，共占 35.9%。

5.2.4 机动车交通违法记分情况

违法记分量同比明显上升。各地继续严格执行交通违法记分规定，不同分值的交通违法记分量同比均升幅明显。2016 年，全国共有 1.86 亿起交通违法被记分，同比上升 22.9%，其中一次记 3 分占比最大，为 53.3%，如表 5-3 所示。

2016 年全国交通违法被记分情况　　　　　　表 5-3

违法记分	查处量占记分交通违法查处量比例
一次记 12 分	1.5%
一次记 6 分	22.5%
一次记 3 分	53.3%
一次记 2 分	19.2%
一次记 1 分	3.5%

注：数据来源于公安部交通管理局。

非现场违法记分率稳步提高。2016 年，全国公安交通管理部门严格落实非现场交通违法记分措施，非现场记分率达 64.4%，同比上升 1.8%，如表 5-4 所示。

2012~2016 年非现场交通违法处罚记分率情况		表 5-4
年份	非现场违法记分率	
2012	33.00%	
2013	46.70%	
2014	56.80%	
2015	62.60%	
2016	64.40%	

注：数据来源于公安部交通管理局。

36 个大城市 2016 年机动车交通违法车均记分量平均为 0.5 分。福州、银川和武汉车均记分量超过 1 分，分别为 1.4 分、1 分和 1 分，如图 5-9 所示。

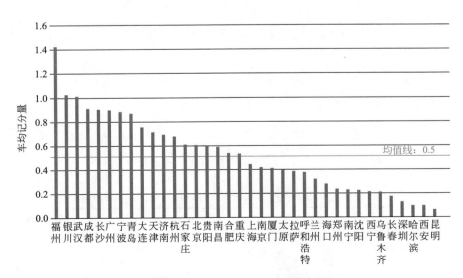

图 5-9　2016 年 36 个大城市机动车交通违法车均记分量

注：数据来源于公安部交通管理局。

5.2.5 机动车重点交通违法行为查处情况

《刑法修正案（八）》和《刑法修正案（九）》实施以来，各地公安交通管理部门严格依法履职，加大执法力度，始终保持对酒驾醉驾、严重超员、严重超速等违法犯罪行为的严管高压态势，确保了法律正确实施，取得了良好的法律效果和社会效果。2016 年，全国共立案办理危险驾驶刑事案件 18 万起，其中醉酒驾驶案件占绝大部分，此外还有追逐竞驶案件、严重超员危险驾驶案件、严重超速行驶案件、非法运输危险品案件等。同时，各地积极依托公路交通安全防控体系和交警执法站，认真落实勤务措施，精准预警、发现、拦截、查处"三超一疲劳"等重点交通违法，及时消除安全隐患，有力维护了道路交通安全形势稳定。2016 年全国因酒驾醉驾导致交通事故死亡人数同比下降 2.7%，因超速行驶导致交通事故死亡人数同比下降 3.7%。

5.2.5.1 酒驾、醉驾查处情况

各地继续保持对酒驾、醉驾违法犯罪行为的严管高压态势。2016 年全国共查处酒驾 107 万起，同比上升 23.3%，其中查处醉驾 17.9 万起，同比上升 14.1%。

从车辆类型看，在城市，小微型客车酒驾查处量占城市查处总量的 62.6%；其次为摩托车，占 21.8%；货车位居第三，占 2.5%，同比上升 24.2%。在农村，摩托车是酒驾查处的主要车型，占农村地区查处总量的 47%，同比上升 27%；其次为小微型客车，占 45.1%；货车位居第三，占 4%（见表 5-5）。

2016 年全国城市和农村酒驾醉驾查处量位列前三的车辆类型　表 5-5

车辆类型	酒驾醉驾查处量占比	
	城市	农村
小微型客车	62.60%	45.10%
摩托车	21.80%	47%
货车	2.50%	4%

注：数据来源于公安部交通管理局。

从查处时间看，20：00～21：00、21：00～22：00 为两个高峰时段，分别查处 18.9 万起、16.8 万起，各占总量的 17.7%、15.7%，如图 5-10 所示。

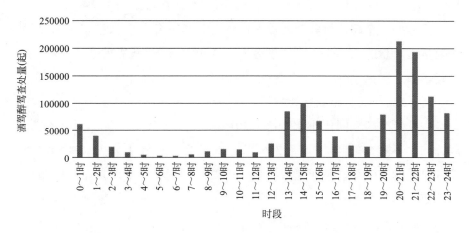

图 5-10 2016 年全国酒驾醉驾查处量时段分布

注：数据来源于公安部交通管理局。

从驾驶人情况看，年龄方面，30～39 岁、40～49 岁驾驶人被查处较多，各占查处总量的 31.7%、34.7%。驾龄方面，5 年、6 年、4 年、7 年、3 年驾龄的驾驶人被查处较多，各占查处总量的 7.6%、7.4%、7.2%、6.5%、5.9%，共占 34.6%。

5.2.5.2 车辆超员查处情况

随着查处超员力度的加大，小、微型客车超员查处量上升，大、中型客车超员现象得到有效遏制。2016 年，全国共查处超员违法行为 43.5 万起，同比上升 10.7%。其中超员 20% 以上违法量占查处总量的 28.6%，同比上升 85.2%。从车辆类型看，小型客车是被查处的主要车型，占比为77.7%，微型客车占 4.9%，中型客车占 4.9%，大型客车占 3.9%。

5.2.5.3 超速查处情况

查处超速行驶同比上升，超速 50% 以上同比下降。2016 年，各地依托交通技术监控设备，通过流动测速、区间测速手段，持续加大对超速行驶违法行为的查处力度，共查处超速行驶 9077.6 万起，同比上升 11.3%，占查处机动车违法总量的 17.8%。从查处超速 50% 以上违法情况看，共查处 156.6 万起，同比下降 16.3%，占查处机动车违法总量的 1.7%。

小微型客车超速行驶查处量占比最大。2016 年，小微型客车超速行驶查处量占总量的 92.9%，大中型客车占 0.4%，轻微型货车占 2.6%，重中型货车占 1.4%，牵引车占 2.3%。

5.2.5.4 货车超载查处情况

查处货车超载同比小幅下降。2016 年，全国共查处货车超载 66.2 万起，同比下降 5%。其中超载 30% 以上 22 万起，同比上升 17.7%，占查处超载总量的 39.1%。从车辆类型看，查处重型货车、中型货车、轻型货车超载 30% 以上均同比上升，其中重型货车上升幅度明显，达到 22.5%。

5.2.5.5 疲劳驾驶查处情况

查处疲劳驾驶同比上升，公路客运车辆同比下降。2016 年，全国共查处疲劳驾驶 167.2 万起，同比上升 7.9%。从重点车辆情况看，查处公路客运 1909 起，同比下降 18.7%；查处旅游客运、货车、危化品运输车辆分别为 804 起、137.3 万起、7.3 万起，同比分别上升 37.7%、2.9%、53.9%。

5.2.5.6 涉牌涉证违法查处情况

查处涉牌涉证违法同比上升，假牌套牌同比基本持平。全国共查处涉牌涉证违法行为 1491.8 万起，同比上升 12.8%。其中，位居前五的违法行为依次为：未按规定喷涂放大号（31.8%）、未带驾驶证（22.4%）、无证驾驶（15%）、未带行驶证（13%）、上道路行驶的机动车未悬挂机动车号牌（12%）。

5.2.6 重点类型机动车交通违法行为查处情况

2016 年，全国共查处公路客运、旅游客运、危化品车、校车、农村面包车违法行为 90.9 万起、30.1 万起、188.5 万起、3.5 万起、176.8 万起，同比来看，公路客运同比下降 5.9%，连续 4 年保持下降态势；旅游客运、危险化学品车、校车和农村面包车同比分别上升9.3%、46.2%、11.7、32.1%。

5.3　非机动车交通违法行为查处情况

非机动车交通违法行为查处力度增大。2016 年，公安交通管理部门大力狠抓路面非机动车交通秩序管理，全国共查处非机动车交通违法行为1575.1 万起，同比上升 1.3 个百分点。36 个大城市中，上海、杭州、南京、南宁、贵阳分别查处非机动车交通违法 355.3 万起、107.9 万起、40.5 万起、37.9 万起、37.7 万起，位列前五位。

不走非机动车道是非机动车交通违法被查处的首要对象。2016 年，36个大城市查处的非机动车交通违法行为中，高达 45.4% 为不走非机动车道，查处量占比位列前 5 位的非机动车交通违法其后依次是非机动车逆向行驶（6.4%）、非机动车违反交通信号指示（6.4%）、非机动车不靠右侧行驶（1.0%）、非机动车不服从指挥（0.4%），如图 5-11 所示。

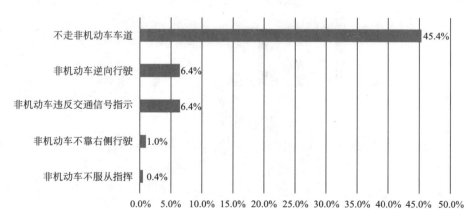

图 5-11　2016 年 36 个大城市查处量占比位列前 5 位的非机动车交通违法行为

注：数据来源于公安部交通管理局。

上海市交通违法大整治行动对非机动车交通违法处罚力度空前。2016年，36 个大城市城市道路非机动车交通违法查处量位列前 5 位的城市为上海

（355.3 万起）、杭州（108.0 万起）、南京（40.5 万起）、南宁（37.9 万起）
和贵阳（37.7 万起）。当年，由于上海开展全市交通违法大整治行动，加大
了路面执法力度，全年城市道路非机动车交通违法查处量高达 355.3 万起，
同比增长 9 倍，执法力度空前。杭州对于城市道路非机动车违法行为的查处
力度也较大，并呈现逐年加强态势。但是，北京、广州和深圳对城市道路非
机动车交通违法的查处量逐年减少，查处力度较弱，需要引起足够重视，进
一步加大对路面非机动车交通违法的管控力度，如图 5-12 所示。

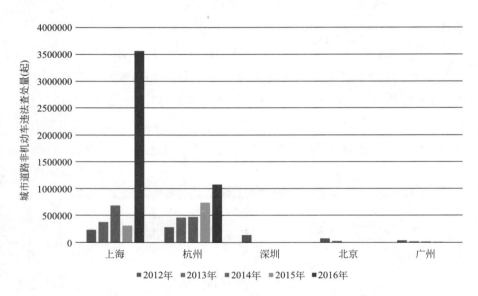

图 5-12　2012~2016 年北京、上海、广州、深圳、杭州
城市道路非机动车交通违法查处情况

注：数据来源于公安部交通管理局。

5.4　行人交通违法行为查处情况

行人交通违法行为查处力度增大。2016 年，公安交通管理部门加大路

面交通秩序整治力度，全国全年共查处行人交通违法行为 555. 9 万起，同比上升 0. 3 个百分点。36 个大城市中，上海、乌鲁木齐、重庆、福州、贵阳分别查处行人交通违法 150. 3 万起、12. 9 万起、9. 6 万起、4. 8 万起、4. 3 万起，位列前 5 位。

行人违反交通信号灯是行人交通违法被查处的首要对象。2016 年，36 个大城市查处的行人交通违法行为中，查处量占比位列前 5 位的违法行为是行人违反交通信号灯（41. 0%）、行人不在人行道内行走（40. 7%）、横过马路未走人行横道（5. 6%）、不按规定横过机动车道（0. 9%）、行人不服从交通警指挥（0. 3%），如图 5-13 所示。

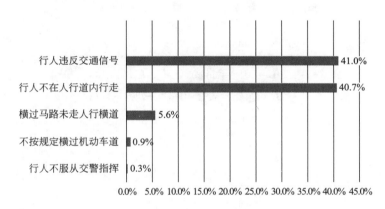

图 5-13 2016 年 36 个大城市查处量占比位列前 5 位的行人交通违法行为
注：数据来源于公安部交通管理局。

上海市交通违法大整治行动对行人交通违法处罚力度空前。2016 年，36 个大城市中城市道路行人交通违法查处量位列第一的为上海。由于上海开展全市交通违法大整治行动，加大了路面执法力度，全年城市道路行人交通违法查处量高达 150. 3 万起，同比激增 21 倍，执法力度空前。但是，北京、杭州、深圳、广州对城市道路行人交通违法的查处量逐年减少，力度较弱，需要引起足够重视，应加大对行人交通违法的查处力度，进一步规范路面行人通行秩序，如图 5-14 所示。

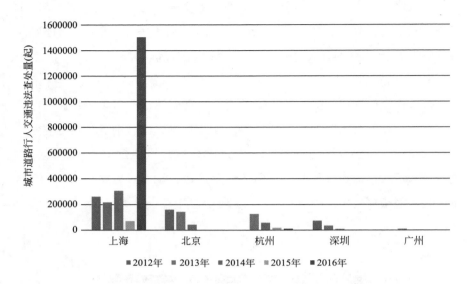

图 5-14　2012~2016 年北京、上海、广州、深圳、杭州
城市道路行人交通违法查处情况

注：数据来源于公安部交通管理局。

第6章　城市道路交通安全

2016年，36个大城市道路交通安全形势不容乐观，道路交通事故量出现反弹，与2015年相比上升了4.16%，其中，12个城市同比上升，22个城市同比下降，2个城市与2015年持平。上海在机动车保有量、汽车保有量的增长均处于全国前列的情况下，城市道路交通事故量同比降幅超过20%，道路交通违法行为大整治取得了显著成效。同时，长春、哈尔滨、西安、厦门城市道路交通事故量同比增幅超过20%，城市道路交通安全管理工作亟待重视和强化。

6.1　城市道路交通事故分布

6.1.1　道路交通事故起数情况

2016年全国道路交通事故起数出现反弹。2011~2015年，我国道路交通事故总量逐年减少，2016年，我国道路交通事故总量出现反弹，与2015年相比增加了13.51%，为近六年来首次增长，如图6-1所示。

2016年36个大城市道路交通事故起数出现反弹。2016年，我国36个大城市道路交通事故起数与2015年相比，总量增加了4.16%，事故量结束了2015年降低的趋势出现了反弹，与2014年事故总量基本持平。占全国道路交通事故总量的25.24%，与2015年相比降低了2.22%，如图6-2所示。

2016年36个大城市平均发生道路交通事故接近1500起。其中，11个城市道路交通事故超过2000起，按照道路交通事故起数排列由高到低依次

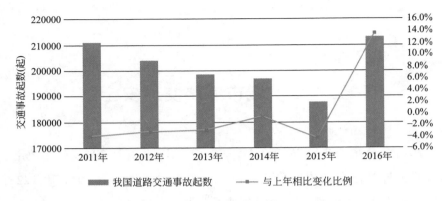

图 6-1　2011~2016 年我国道路交通事故起数情况

注：数据来源于公安部交通管理局。

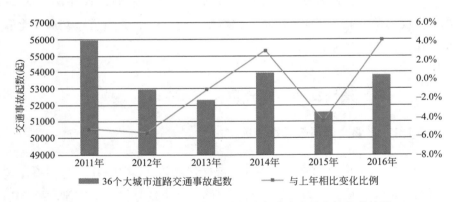

图 6-2　2011~2016 年我国 36 个大城市道路交通事故起数情况

注：数据来源于公安部交通管理局。

为：天津、北京、济南、西安、重庆、广州、长春、杭州、宁波、合肥、武汉。4 个城市道路交通事故低于 500 起，按照道路交通事故起数排列由低到高依次为：拉萨、贵阳、南昌、西宁，如图 6-3 所示。

　　2016 年 36 个大城市中 12 个城市道路交通事故起数同比上升，22 个城市道路交通事故起数同比下降，2 个城市道路交通事故起数与去年持平。其中，4 个城市道路交通事故起数增幅超过 20%，按照同比增幅排列由高

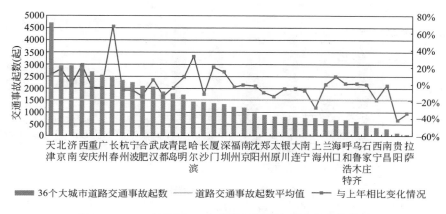

图 6-3　2016 年我国 36 个大城市道路交通事故总体情况

注：数据来源于公安部交通管理局。

到低依次为：长春、哈尔滨、西安、厦门。3 个城市道路交通事故起数降幅超过 20%，按照同比降幅排列由高到低依次为：贵阳、拉萨、上海。特别值得注意的是，上海在城市机动车保有量、汽车保有量均处于全国前列的情况下，道路交通事故起数不足 36 个大城市道路交通事故平均值的一半，这与 2016 年上海公安交通管理部门强有力的道路交通违法行为整治工作密不可分。

6.1.2　城市道路交通事故起数情况

全国城市道路交通事故占道路交通事故总量的比例继续呈现升高趋势，但增幅减缓。2016 年，全国城市道路交通事故起数占道路交通事故总量（包括公路交通事故）的 45.79%，与 2015 年相比，占比提高了 0.25%，如图 6-4 所示。数据显示，2011~2016 年，城市道路交通事故占比逐年升高，6 年间占比升高了 3.68%，年均增幅达 0.61%。

2016 年，36 个大城市的城市道路交通事故起数占全国城市道路交通事故的 34.62%，与 2015 年相比，占比降低了 2.85%。36 个大城市平均发生

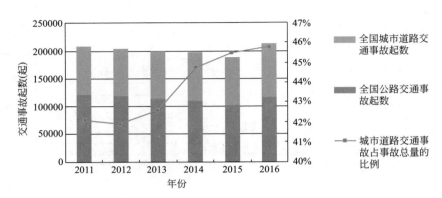

图6-4 2011~2016年我国城市道路交通事故情况

注：数据来源于公安部交通管理局。

城市道路交通事故接近960起。其中，16个城市的城市道路交通事故超过1000起，按照城市道路交通事故起数排列由高到低依次为：天津、北京、西安、武汉、济南、重庆、广州、长春、昆明、深圳、哈尔滨、成都、宁波、杭州、青岛、长沙。4个城市的城市道路交通事故低于200起，按照城市道路交通事故起数排列由低到高依次为：拉萨、贵阳、石家庄、南昌，如图6-5所示。

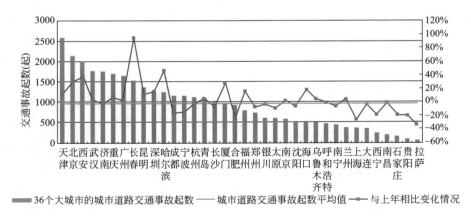

图6-5 2016年我国36个大城市的城市道路交通事故总体情况

注：数据来源于公安部交通管理局。

2016 年 36 个大城市中 17 个城市的城市道路交通事故起数同比上升，19 个城市的城市道路交通事故起数同比下降。其中，5 个城市道路交通事故起数增幅超过 20%，按照同比增幅排列由高到低依次为：长春、哈尔滨、西安、北京、厦门。5 个城市道路交通事故起数降幅超过 20%，按照同比降幅排列由高到低依次为：合肥、拉萨、上海、石家庄、贵阳。特别值得注意的是，长春的城市道路交通事故起数同比增长了近一倍，在 36 个大城市中同比增幅最高，长春城市道路交通安全管理工作亟待重视和强化。同时，合肥的城市道路交通事故起数降幅接近 35%，在 36 个大城市中同比降幅最大，可见 2016 年合肥城市道路交通安全保障工作取得了显著成效。

6.1.3　道路交通事故空间分布

6.1.3.1　各类型城市道路交通事故分布

一般城市道路是我国 36 个大城市交通事故最集中的道路类型，2016 年，36 个大城市超过 50% 的道路交通事故发生在一般城市道路上，各类型城市道路中超过 80% 的交通事故发生在一般城市道路上。从各类型城市道路交通事故占比变化趋势看，2014~2016 年，一般城市道路交通事故占比均在 80% 以上，城市快速路交通事故占比均在 8% 以上，一般城市道路、单位小区自建路、城市快速路、公共广场交通事故占比分别降低了 2.49%、0.2%、0.17%、0.01%，其他道路、公共停车场交通事故占比分别上升了 2.82%、0.04%，如图 6-6 所示。

6.1.3.2　各类型交通控制方式交通事故分布

无信号控制是我国 36 个大城市交通事故最集中的交通控制方式，2016 年，36 个大城市各类型交通控制方式中，无信号控制道路交通事故占比达 50.33%，是有信号控制道路交通事故起数的 5.2 倍。从各类型交通控制方式道路交通事故占比变化趋势看，2014~2016 年，无信号控制道路交通事故占比均在 45% 以上，设置标志、设有其他安全设施道路交通事故占比均

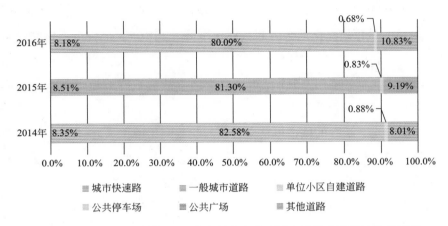

图 6-6　2014~2016 年我国 36 个大城市各类型城市道路交通事故分布情况

注：数据来源于公安部交通管理局。

在 10%以下，有民警指挥道路交通事故占比最低，不足 0.1%，如图 6-7 所示。

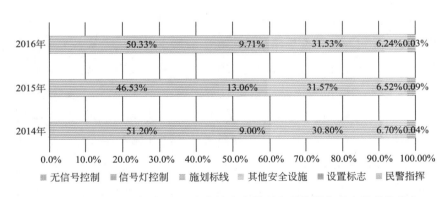

图 6-7　2014~2016 年我国 36 个大城市各类型交通控制方式交通事故分布

注：数据来源于公安部交通管理局。

6.1.3.3　各类型道路路口路段交通事故分布

普通路段是我国 36 个大城市交通事故最集中路段，四枝分叉口是交通事故最集中路口，2016 年，36 个大城市各类型道路路口路段中，普通路段

交通事故占比达 67.43%，四枝分叉口交通事故占比达 15.81%。从各类型
道路路口路段交通事故占比变化趋势看，2011~2016 年，四枝分叉口、三
枝分叉口、高架路段交通事故占比分别上升了 2.13%、0.95%、0.20%；
普通路段交通事故占比下降了 2.27%，但始终保持在 66% 以上，如图 6-8
所示。

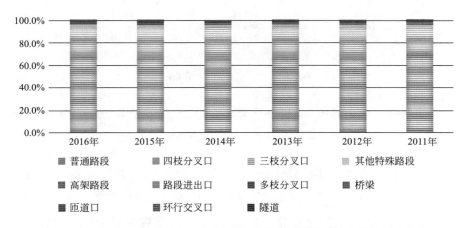

图 6-8　2011~2016 年我国 36 个大城市各类型道路路口路段交通事故分布
注：数据来源于公安部交通管理局。

6.1.3.4　各类型道路横断面交通事故分布

机动车道是我国 36 个大城市交通事故最集中的道路横断面类型。2016
年，36 个大城市各类型道路横断面中，机动车道交通事故占比达 68.51%；
其次是机非混行车道，占比 16.73%；第三是非机动车道，占比 7.22%；
第四是人行过街横道，占比 2.37%。从各类型道路横断面交通事故占比变
化趋势看，2011~2016 年，机动车道、非机动车道交通事故占比分别上升
了 2.16%、0.36%，机非混行车道、人行过街横道、人行道交通事故占比
分别下降了 1.72%、0.59%、0.13%，如图 6-9 所示。

6.1.3.5　各类型物理隔离道路交通事故分布

无隔离设施道路是我国 36 个大城市交通事故最集中的道路。2016 年，

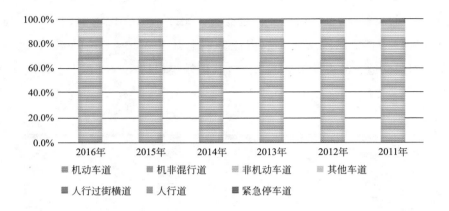

图 6-9　2011~2016 年我国 36 个大城市各类型道路横断面交通事故分布

注：数据来源于公安部交通管理局。

36 个大城市各类型物理隔离道路中，无隔离设施道路交通事故占比达
56.48%；其次是设有中央隔离设施道路，占比 27.56%；第三是同时设有
中央隔离和机非隔离设施道路，占比 10.35%；第四是设有机非隔离设施
道路，占比 5.61%。从各类型物理隔离道路交通事故占比变化趋势看，
2011~2016 年，设有中央隔离设施道路、同时设有中央隔离和机非隔离设
施道路交通事故占比分别上升了 5.28%、0.42%；设有机非隔离设施道路
交通事故占比下降了 3.04%；无隔离设施道路交通事故占比下降了
2.66%，但始终保持在 56%以上，如图 6-10 所示。

6.1.4　道路交通事故时间分布

6.1.4.1　一年内 12 个月事故分布

一年内，第三季度是 36 个大城市道路交通事故高发期，第一季度道路
交通事故量相对较低，特别是春节前后城市道路交通事故量最低。2016
年，36 个大城市发生的道路交通事故起数按照月份统计，平均每月发生
4483 起。12 个月份中，11 月是一年中事故起数最多的月份，事故量为全

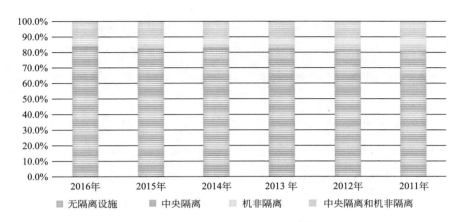

图 6-10　2011~2016 年我国 36 个大城市各类型物理隔离设施道路交通事故分布

注：数据来源于公安部交通管理局。

年事故量的 9.23%；2 月事故起数与月平均值偏差较大，也是一年中事故起数最少的月份，事故量为全年事故的 5.63%。同时，5 月、7 月、8 月发生的交通事故起数相对较高，分别占全年事故量的 8.79%、8.84%、8.78%；1 月、2 月、6 月、12 月的交通事故起数低于月平均值，如图 6-11所示。

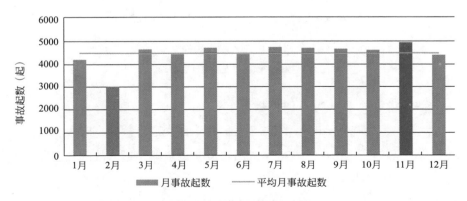

图 6-11　2016 年我国 36 个大城市道路交通事故全年分布

注：数据来源于公安部交通管理局。

6.1.4.2 一周内 7 天事故分布

一周内前三个工作日为 36 个大城市道路交通事故高发日，周末交通事故相对较少。2016 年，36 个大城市发生的道路交通事故起数按照一周内每天统计，平均每天发生 7685 起。一周 7 天中，星期二是事故起数最多的一天，事故量占比达 14.93%；星期六事故起数与周每天平均事故是事故起数偏差较大，也是一周中事故起数最少的一天，事故量占比为 13.1%。同时，星期一、星期三发生的交通事故起数相对较高，事故量占比分别为 14.68%、14.92%；星期五、星期六、星期日交通事故起数低于周每天平均值，如图 6-12 所示。

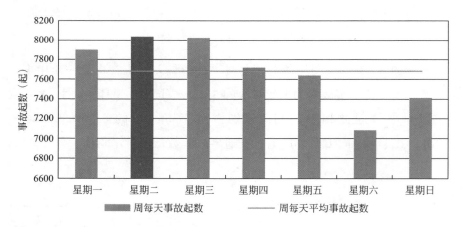

图 6-12　2016 年我国 36 个大城市道路交通事故一周分布

注：数据来源于公安部交通管理局。

6.1.4.3 一天内 24 小时事故分布

一天内，早晚高峰时段是 36 个大城市道路交通事故高发时段，夜间交通事故相对较少。2016 年，36 个大城市发生的道路交通事故起数按照一天 24 小时统计，平均每小时发生 2241 起。一天 24 小时中，7：00~8：00 是事故起数最多的一天，事故量占比为 5.83%；凌晨 3：00~4：00 事故起数与一天每小时平均事故起数偏差较大，也是一天 24 小时中事故起数最少的时间段，事故量占比为 1.88%。8：00~9：00、17：00~21：00 发生的交通事故起数相对较高，每个时段的事故量占比均超过 5%；12：00~13：00、23：00~24：00、凌晨 0：00~6：00 交通事故起数低于一天每小时平均值，如图 6-13 所示。

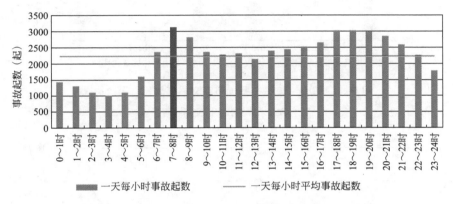

图 6-13　2016 年我国 36 个大城市道路交通事故一天分布

注：数据来源于公安部交通管理局。

6.2　城市交通事故死伤分布

6.2.1　道路交通事故死伤情况

2016 年全国道路交通事故死亡人数、受伤人数均出现反弹。2011~2015 年，我国道路交通事故死亡人数、受伤人数呈波动下降趋势，2016 年，我国道路交通事故死亡人数、受伤人数均出现反弹，与 2015 年相比，分别增加了 9.1%、13.12%，均为近六年来首次增长，如图 6-14、图 6-15 所示。

2016 年 36 个大城市道路交通事故死伤人数在我国道路交通事故死伤人数中的占比继续呈现下降趋势。36 个大城市道路交通事故死亡人数占比

图6-14 2011~2016年我国道路交通事故死亡人数情况

注：数据来源于公安部交通管理局。

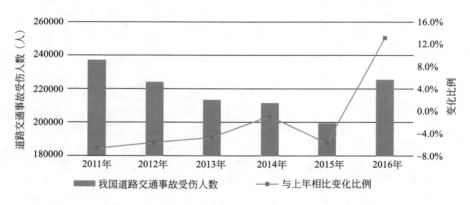

图6-15 2011~2016年我国道路交通事故受伤人数情况

注：数据来源于公安部交通管理局。

21.89%，与2015年相比，下降了1.11%；36个大城市道路交通事故受伤人数占比24.27%，与2015年相比，下降了2.73%。

2016年36个大城市中13个城市道路交通事故死亡人数同比上升，21个城市道路交通事故死亡人数同比下降，2个城市道路交通事故死亡人数没有变化。其中，除了拉萨由于基数较小，上升幅度在36个大城市中相对最大外，3个城市道路交通事故死亡人数增幅超过20%，按照同比增幅排

列由高到低依次为：武汉、北京、长春。3 个城市道路交通事故死亡人数
降幅超过 10%，按照同比降幅排列由高到低依次为：福州、乌鲁木齐、上
海，如图 6-16 所示。特别值得注意的是，哈尔滨道路交通事故起数同比
上升超过 30%，但道路交通事故死亡人数同比下降超过 4%，可见其道路
交通事故危险程度有所下降。

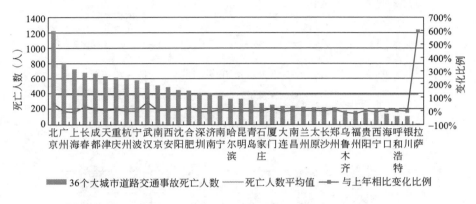

图 6-16　2016 年 36 个大城市道路交通事故死亡人数情况

注：数据来源于公安部交通管理局。

2016 年 36 个大城市中 11 个城市道路交通事故受伤人数同比上升，25
个城市道路交通事故受伤人数同比下降。其中，3 个城市道路交通事故受
伤人数增幅超过 30%，按照同比增幅排列由高到低依次为：长春、哈尔
滨、西安。7 个城市道路交通事故受伤人数降幅超过 10%，按照同比降幅
排列由高到低依次为：上海、拉萨、贵阳、成都、西宁、长沙、郑州，如
图 6-17 所示。

6.2.2　城市道路交通事故死伤情况

2016 年全国城市道路交通事故死亡人数占比继续保持增长，但增幅减
缓，受伤人数占比与 2015 年基本持平。2016 年，城市道路交通事故死亡
人数占道路交通事故死亡人数的 31.68%，与 2015 年相比，上升 0.67%，

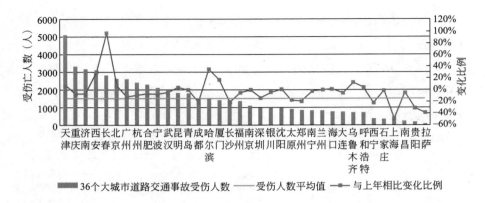

图 6-17　2016 年 36 个大城市道路交通事故受伤人数情况

注：数据来源于公安部交通管理局。

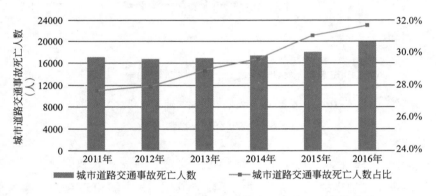

图 6-18　2011~2016 年我国城市道路交通事故死亡人数情况

注：数据来源于公安部交通管理局。

如图 6-18 所示。城市道路交通事故受伤人数占道路交通事故受伤人数的 43.94%，与 2015 年相比，下降 0.05%，如图 6-19 所示。

2016 年，36 个大城市道路交通事故死伤人数在我国城市道路交通事故死伤人数中的占比出现下降趋势。36 个大城市道路交通事故死亡人数占比为 35.46%，与 2015 年相比，下降了 1.52%；36 个大城市道路交通事故受伤人数占比为 34.36%，与 2015 年相比，下降了 3.14%。

2016 年，36 个大城市中 19 个城市的城市道路交通事故死亡人数同比

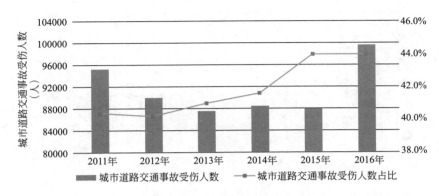

图 6-19　2011~2016 年我国城市道路交通事故受伤人数情况

注：数据来源于公安部交通管理局。

上升，17 个城市的城市道路交通事故死亡人数同比下降。其中，除了拉萨由于基数较小，上升幅度在 36 个大城市中相对最大外，4 个城市的城市道路交通事故死亡人数增幅超过 20%，按照同比增幅排列由高到低依次为：北京、长春、武汉、厦门。8 个城市的城市道路交通事故死亡人数降幅超过 10%，按照同比降幅排列由高到低依次为：银川、贵阳、乌鲁木齐、沈阳、南昌、福州、西宁、大连，如图 6-20 所示。特别值得注意的是，长春的城市道路交通事故死亡人数同比增幅超过 40%，在 36 个大城市排名中由 2015 年的第 14 位上升至 2016 年的第 8 位，反映出长春的城市道路交通事故危险程度不断升高，道路交通安全形势较为严峻，亟待重视和强化。

2016 年，36 个大城市中有 16 个城市的城市道路交通事故受伤人数同比上升，20 个城市的城市道路交通事故受伤人数同比下降。其中，6 个城市的道路交通事故受伤人数增幅超过 20%，按照同比增幅排列由高到低依次为：长春、哈尔滨、西安、乌鲁木齐、厦门、北京。6 个城市道路交通事故死亡人数降幅超过 20%，按照同比降幅排列由高到低依次为：上海、拉萨、合肥、西宁、成都、石家庄，如图 6-21 所示。

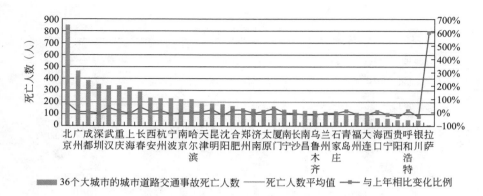

图 6-20　2016 年 36 个大城市的城市道路交通事故死亡人数情况

注：数据来源于公安部交通管理局。

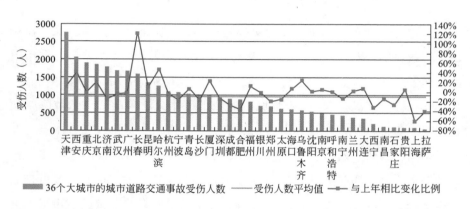

图 6-21　2016 年 36 个大城市的城市道路交通事故受伤人数情况

注：数据来源于公安部交通管理局。

6.3　城市交通事故平均伤亡

6.3.1　万人口死亡率

2016 年，我国道路交通事故 10 万人口死亡率为 4.58，与 2015 年相比有所上升，为 2012 年以来的最高值。与其他国家相比，我国道路交通事故

10 万人口死亡率低于美国（10.25）、韩国（9.4）、意大利（5.6）、法国（5.3），但是与德国、西班牙、荷兰、日本、英国等国家仍有部分差距，如图 6-22 所示。

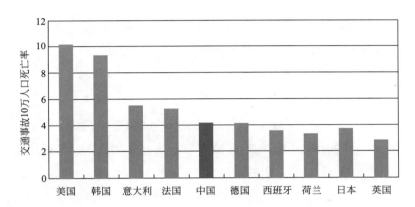

图 6-22 部分国家道路交通事故 10 万人口死亡率（2014 年数据）

注：数据来源于公安部交通管理局。

2016 年，36 个大城市的道路交通事故 10 万人口死亡率的平均值为 4.56，相对全国总体平均值略偏低，与 2015 年相比基本持平，如图 6-23 所示。其中，20 个城市的 10 万人口死亡率超过全国总体平均值，按照 10 万

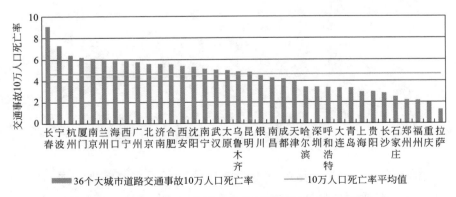

图 6-23 2016 年 36 个大城市道路交通事故 10 万人口死亡率

注：数据来源于公安部交通管理局。

人口死亡率由高到低排在前五的依次为：长春、宁波、杭州、厦门、南京。16个城市低于全国总体平均值，按照10万人口死亡率由低到高排在前五的依次为：拉萨、重庆、福州、郑州、石家庄。特别值得注意的是，在36个大城市中，长春、武汉、北京道路交通事故10万人口死亡率出现较大增幅，反映出上述城市道路交通事故死亡人数增长速度快于城市常住人口增长速度，道路交通安全面临的形势更为严峻。

6.3.2 万车死亡率

2016年，我国道路交通事故万车死亡率为2.45，与2015年相比上升了17.79%，为2013年以来的最高值。与其他国家相比，我国道路交通事故万车死亡率相对较高，是英国的4.24倍，日本的4.16倍，西班牙的4.08倍，荷兰、德国的3.41倍，意大利的3.2倍，法国的2.6倍，美国的1.72倍，如图6-24所示。

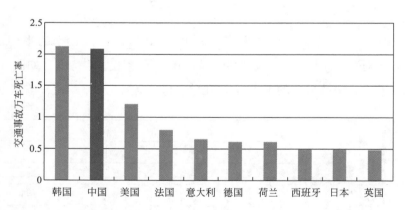

图6-24　部分国家道路交通事故万车死亡率（2014年数据）

注：数据来源于公安部交通管理局。

2016年，36个大城市的道路交通事故万车死亡率的平均值为1.89，相对全国总体平均值偏低29.63%，与2015年相比下降2.58%，如图6-25所示。其中，6个城市的万车死亡率超过全国总体平均值，按照万车死亡率由高到低依次为：长春、广州、西宁、合肥、南昌、兰州。30 个城市低于全国总体平均值，按照万车死亡率由低到高排在前 5 的依次为：拉萨、郑州、长沙、石家庄、贵阳。特别值得注意的是，在 36 个大城市中，长春、武汉、北京道路交通事故万车死亡率出现较大增幅，反映出上述城市道路交通事故死亡人数增长速度快于城市机动车保有量增长速度，道路交通安全面临的形势更为严峻。

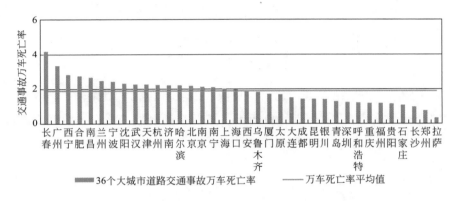

图 6-25　2016 年 36 个大城市道路交通事故万车死亡率

注：数据来源于公安部交通管理局。

6.3.3　交通事故经济损失

2016 年我国道路交通事故总体经济损失为 12.07 亿元，与 2015 年相比有所增长，同比上升了 16.45%。同时，平均每起交通事故的经济损失超过 5600 元，与 2015 年相比有所增长，同比上升了 2.59%。2011~2016 年，交通事故经济损失总体呈现波动变化趋势，在 2016 年出现较大反弹，同时，平均每起交通事故的经济损失也呈现增长趋势，如图 6-26 所示。

2016 年，36 个大城市的道路交通事故经济损失的平均值为 831.1 万元，与 2015 年相比下降 8.37%，如图 6-27 所示。其中，8 个城市的道路交通事故经济损失超过 1000 万元，按照交通事故经济损失由高到低依次

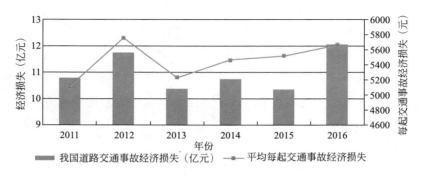

图 6-26   2011~2016 年我国道路交通事故经济损失

注：数据来源于公安部交通管理局。

为：天津、长春、哈尔滨、北京、重庆、西安、合肥、贵阳。6 个城市的道路交通事故经济损失不足 200 万元，按照交通事故经济损失由低到高依次为：乌鲁木齐、拉萨、福州、南昌、石家庄、海口。

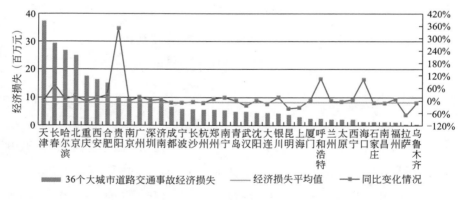

图 6-27   2016 年 36 个大城市道路交通事故经济损失

注：数据来源于公安部交通管理局。

2016 年，36 个大城市平均每起道路交通事故经济损失为 5234 元，相对全国总体平均值偏低 7.59%，与 2015 年相比下降 0.42%，如图 6-28 所示。其中，15 个城市的每起交通事故经济损失超过全国总体平均值，按照每起交通事故经济损失由高到低排在前 5 的依次为：哈尔滨、长春、贵阳、北京、南京。21 个城市的每起交通事故经济损失低于全国总体平均值，按照每起交通事故经济损失由低到高排在前 5 的依次为：乌鲁木齐、福州、厦门、海口、昆明。

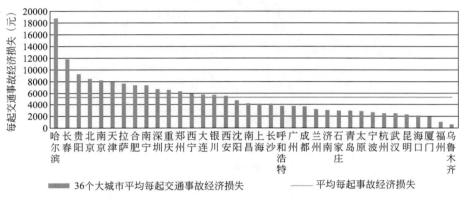

图 6-28　2016 年 36 个大城市道路平均每起交通事故经济损失

注：数据来源于公安部交通管理局。

6.4　城市道路交通事故形态分布

车辆与车辆之间事故是 36 个大城市道路最主要的事故形态，2011～2016 年，车辆与车辆之间交通事故起数在 36 个大城市道路交通事故中的占比均超过 65%，交通事故死亡人数占比均超过 58%，交通事故受伤人数占比均超过 70%。从事故起数占比、死亡人数占比、受伤人数占比变化趋势看，2011～2016 年，车辆与车辆之间事故形态占比呈下降趋势，而车辆与行人之间事故形态占比呈上升趋势，单车事故形态占比变化幅度较小。

2016 年，车辆与车辆之间事故、车辆与行人之间事故、单车事故在 36 个大城市道路事故总量的占比分别为 67.17%、25.95%、6.88%。从事故

107

起数占比变化趋势看，2011~2016 年，车辆与车辆之间事故形态占比降低了 6.45%，车辆与行人之间事故形态占比升高了 4.88%，单车事故形态占比升高了 1.57%，如图 6-29 所示。

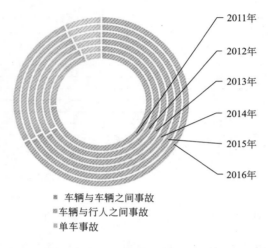

图 6-29　2011~2016 年我国 36 个大城市道路各类交通
事故形态事故占比分布

注：数据来源于公安部交通管理局。

2016 年，车辆与车辆之间事故、车辆与行人之间事故、单车事故在 36 个大城市道路事故死亡人数的占比分别为 59.23%、29.17%、11.60%。从死亡人数占比变化趋势看，2011~2016 年，车辆与车辆之间事故形态占比降低了 9.41%，车辆与行人之间事故形态占比升高了 7.60%，单车事故形态占比升高了 1.80%，如图 6-30 所示。

2016 年，车辆与车辆之间事故、车辆与行人之间事故、单车事故在 36 个大城市道路事故受伤人数的占比分别为 72.01%、22.02%、5.97%。从受伤人数占比变化趋势看，2011~2016 年，车辆与车辆之间事故形态占比降低了 5.12%，车辆与行人之间事故形态占比升高了 4.75%，单车事故形态占比升高了 0.37%，如图 6-31 所示。

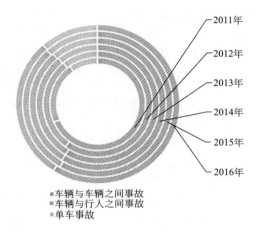

车辆与车辆之间事故
车辆与行人之间事故
单车事故

图 6-30　2011~2016 年我国 36 个大城市道路各类交通事故

形态死亡人数占比分布

注：数据来源于公安部交通管理局。

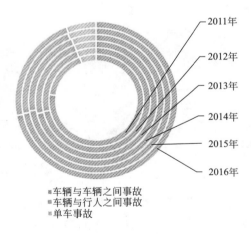

车辆与车辆之间事故
车辆与行人之间事故
单车事故

图 6-31　2011~2016 年我国 36 个大城市道路各类交通事故

形态受伤人数占比分布

注：数据来源于公安部交通管理局。

6.4.1　车辆与车辆之间交通事故

　　碰撞运动车辆是我国 36 个大城市道路车辆之间最主要的事故形态。从事故起数占比、死亡人数占比、受伤人数占比变化趋势看，2011～2016 年，碰撞运动车辆事故形态占比呈下降趋势，而碰撞静止车辆和其他车辆间事故形态占比呈上升趋势。

　　2016 年，36 个大城市道路车辆与车辆之间的交通事故中，碰撞运动车辆、碰撞静止车辆、其他车辆间事故数占比分别为 87.99%、6.89%、5.12%；碰撞运动车辆、碰撞静止车辆、其他车辆间事故死亡人数占比分别为 86.88%、8.97%、4.15%；碰撞运动车辆、碰撞静止车辆、其他车辆间事故受伤人数占比分别为 89.89%、5.37%、4.74%，如图 6-32 所示。

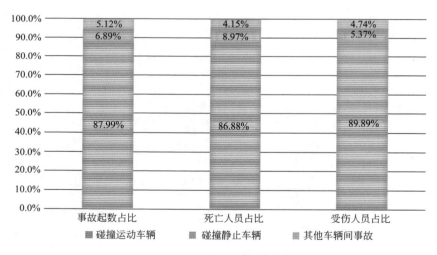

图 6-32　2016 年我国 36 个大城市道路车辆间交通事故形态分布

注：数据来源于公安部交通管理局。

6.4.1.1　事故起数

　　从事故起数占比变化趋势看，2011～2016 年，碰撞运动车辆事故形态仍是车辆间事故的主要形态，在 36 个大城市道路车辆间交通事故的占比均

超过 85%，但呈逐年下降趋势，由 96.23% 降至 87.98%；碰撞静止车辆事
故形态、其他车辆间事故形态占比呈逐年上升趋势，分别由 2.38% 升至
6.89%、由 1.39% 升至 5.12%，如图 6-33 所示。

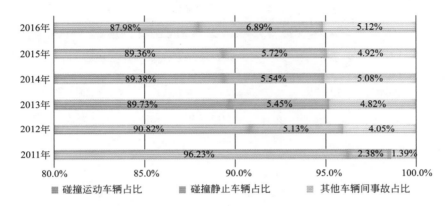

图 6-33　2011~2016 年我国 36 个大城市道路各类车辆间事故占比分布

注：数据来源于公安部交通管理局。

6.4.1.2　死亡人数

从死亡人数占比变化趋势看，2011~2016 年，36 个大城市道路超过
85% 的车辆与车辆之间事故死亡人数是由碰撞运动车辆导致，但碰撞运动
车辆事故死亡人数占比呈逐年下降趋势，由 94.66% 降至 86.88%；碰撞静
止车辆事故形态、其他车辆间事故死亡人数占比逐年上升，分别由 3.75%
升至 8.97%、由 1.60% 升至 4.15%，如图 6-34 所示。

6.4.1.3　受伤人数

从受伤人数占比变化趋势看，2011~2016 年，36 个大城市道路约 90%
的车辆与车辆之间事故受伤人数是由碰撞运动车辆导致；碰撞静止车辆事
故形态、其他车辆间事故受伤人数均保持在 5% 左右，如图 6-35 所示。

6.4.2　车辆与行人之间事故

刮撞行人是我国 36 个大城市道路车辆与行人之间最主要的事故形态。

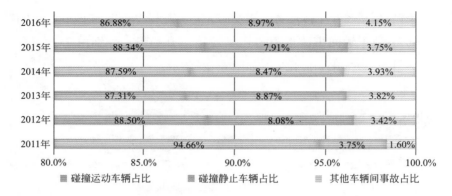

图6-34 2011~2016年我国36个大城市道路各类车辆间事故死亡人数占比分布

注：数据来源于公安部交通管理局。

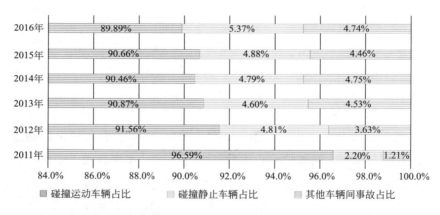

图6-35 2011~2016年我国36个大城市道路各类车辆间事故受伤人数占比分布

注：数据来源于公安部交通管理局。

从事故起数占比、死亡人数占比、受伤人数占比变化趋势看，2011~2016年，车辆与行人之间事故形态更趋集中于刮撞行人、碾压行人、碰撞后碾压行人三种类型，且刮撞行人事故形态占比呈逐年上升趋势。

2016年，36个大城市道路车辆与行人之间的交通事故中，刮撞行人、碾压行人、碰撞后碾压行人、其他车辆与人事故占比分别为92.84%、4.51%、1.76%、0.89%；刮撞行人、碾压行人、碰撞后碾压行人、其他车辆与人事故死亡人数占比分别为 86.59%、8.26%、4.28%、0.87%；刮撞行人、碾压行人、碰撞后碾压行人、其他车辆与人事故受伤人数占比分别为 95.08%、2.76%、1.06%、1.1%，如图 6-36 所示。

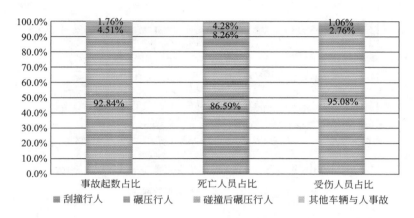

图 6-36　2016 年我国 36 个大城市道路车辆与行人间交通事故形态分布

注：数据来源于公安部交通管理局。

6.4.2.1　事故起数

从事故起数占比变化趋势看，2011~2016 年，36 个大城市道路约 90% 的车辆与行人间交通事故是刮撞行人，且刮撞行人占比呈逐年上升趋势，由 89.73% 上升至 92.84%；碾压行人、碰撞后碾压行人事故占比分别保持在 5%、2% 左右；其他车辆与行人事故呈逐年下降趋势，由 4.07% 降至 0.89%，如图 6-37 所示。

6.4.2.2　死亡人数

从死亡人数占比变化趋势看，2011~2016 年，36 个大城市道路约 80% 的车辆与行人间事故死亡人数是是由刮撞行人事故导致，且刮撞行人事故死亡人数占比呈逐年上升趋势，由 81.38% 上升至 86.59%；碾压行人、碰撞后碾压行人、其他车辆与行人事故死亡人数占比波动下降，分别由 9.47% 降至 8.26%、由 4.36% 降至 4.28%、由 4.78% 降至 0.87%，如

图 6-38 所示。

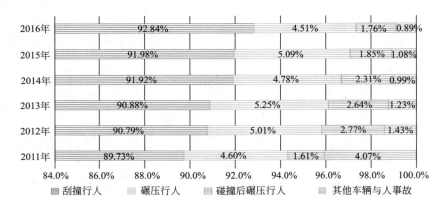

图 6-37　2011~2016 年我国 36 个大城市道路各类车辆与行人间事故占比分布

注：数据来源于公安部交通管理局。

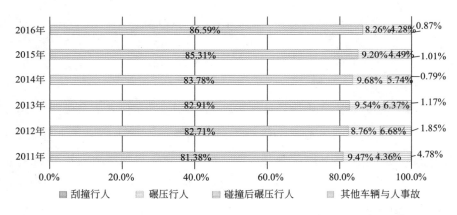

图 6-38　2011~2016 年我国 36 个大城市道路各类车辆与行人间事故

死亡人数占比分布

注：数据来源于公安部交通管理局。

6.4.2.3　受伤人数

从受伤人数占比变化趋势看，2011~2016 年，36 个大城市道路约 90%
的车辆与行人之间事故受伤人数是由刮撞行人事故导致，且刮撞行人事故受伤人数占比呈逐年上升趋势，由 92.18% 升至 95.08%；碾压行人事故、碰撞后碾压行人事故受伤人数占比基本保持不变；其他车辆与行人事故受伤人数占比呈逐年下降趋势，由 4.13% 降至 1.10%，如图 6-39 所示。

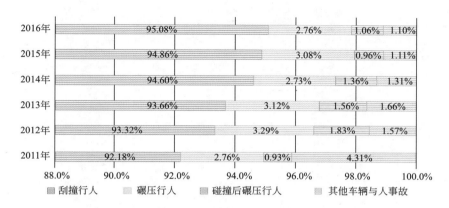

图 6-39 2011～2016 年我国 36 个大城市道路各类车辆与行人间
事故受伤人数占比分布

注：数据来源于公安部交通管理局。

6.4.3 单车事故

撞固定物、侧翻是我国 36 个大城市道路车辆与行人之间最主要的两类事故形态。从事故起数占比、死亡人数占比、受伤人数占比变化趋势看，2011～2016 年，单车事故形态更趋集中于撞固定物、侧翻两种类型，同时，各单车事故形态占比变化幅度较小。

2016 年，36 个大城市道路单车交通事故中，撞固定物、侧翻、乘客跌落或抛出、坠车、滚翻、撞非固定物、自身摺叠、失火事故占比分别为63.71%、22.98%、3.32%、3.00%、2.78%、2.75%、1.32%、0.14%；撞固定物、侧翻、乘客跌落或抛出、坠车、滚翻、撞非固定物、自身摺叠事故死亡人数占比分别为 61.01%、24.69%、1.80%、4.85%、4.98%、1.24%、1.43%；撞固定物、侧翻、乘客跌落或抛出、坠车、滚翻、撞非固定物、自身摺叠、失火事故受伤人数占比分别为 59.80%、25.99%、3.33%、3.27%、4.03%、2.48%、1.04%、0.06%，如图 6-40 所示。

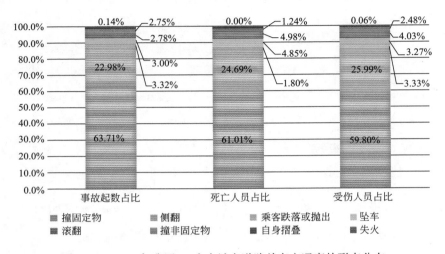

图 6-40 2016 年我国 36 个大城市道路单车交通事故形态分布

注：数据来源于公安部交通管理局。

6.4.3.1 事故起数

从事故起数占比变化趋势看，2011~2016 年，36 个大城市道路约 60% 的单车交通事故是撞固定物，约 20% 的单车交通事故是侧翻，同时，撞固定物、侧翻、乘客跌落或抛出、坠车、滚翻、撞非固定物、自身摺叠、失火 8 类事故形态的事故起数占比变化幅度较小，如图 6-41 所示。

6.4.3.2 死亡人数

从死亡人数占比变化趋势看，2011~2016 年，36 个大城市道路约 60% 的单车事故死亡人数是由撞固定物事故导致，约 20% 的单车事故死亡人数是由侧翻事故导致，且撞固定物、侧翻事故死亡人数占比呈逐年上升趋势，分别由 58.39% 上升至 61.01%、由 23.7% 上升至 24.69%；翻滚事故死亡人数占比呈逐年下降趋势，由 10.46% 降至 4.98%，如图 6-42 所示。

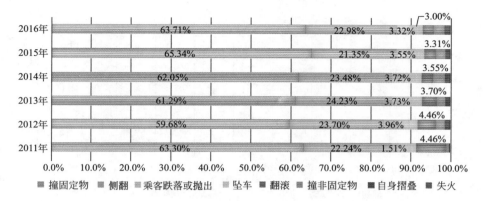

图 6-41 2011~2016 年我国 36 个大城市道路各类单车事故占比分布

注：数据来源于公安部交通管理局。

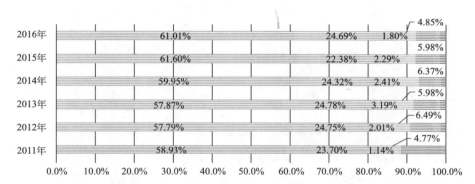

图 6-42 2011~2016 年我国 36 个大城市道路各类单车事故死亡人数占比分布

注：数据来源于公安部交通管理局。

6.4.3.3 受伤人数

从受伤人数占比变化趋势看，2011~2016 年，36 个大城市道路约 60%
的单车事故受伤人数是由撞固定物事故导致，约 26% 的单车事故受伤人数
是由侧翻事故导致，撞固定物、侧翻事故受伤人数占比变化幅度较小。翻
滚事故受伤人数占比呈逐年下降趋势，由 9.54% 降至 4.03%，如图 6-43
所示。

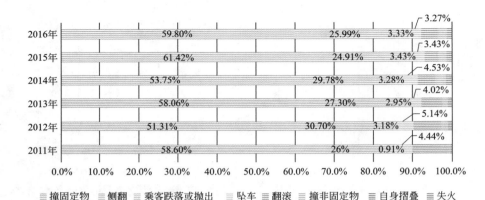

图 6-43 2011~2016 年我国 36 个大城市道路各类单车事故受伤人数占比分布

注：数据来源于公安部交通管理局。

6.5 城市道路交通事故成因

机动车交通违法是我国 36 个大城市道路交通事故最主要成因，2011~2016 年，机动车交通违法导致的交通事故起数在 36 个大城市道路交通事故起数及死亡人数的占比均超过 80%。从事故起数占比、死亡人数占比、受伤人数占比变化趋势看，2011~2016 年，机动车交通违法导致的事故数及伤亡人数呈下降趋势，而非机动车交通违法导致的事故数及伤亡人数呈上升趋势。

2016 年，机动车交通违法、非机动车交通违法、行人乘车人交通违法、非违法过错、道路原因、意外事件、其他原因导致的交通事故在 36 个大城市道路交通事故总量的占比分别为 82.16%、8.91%、1.44%、3.27%、0.02%、0.14%、4.06%。从事故起数占比变化趋势看，2011~2016 年，非机动车违法、其他原因导致交通事故占比分别上升了 2.61%、1.93%，机动车违法、行人乘车人交通违法导致交通事故占比分别下降了 4.38%、0.16%，非违法过错、道路原因、意外事件导致交通事故占比变化幅度较小，如图 6-44 所示。

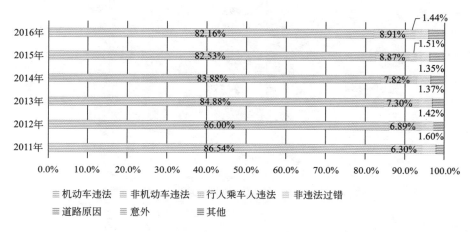

2016年　　82.16%　　8.91%　　1.44%
2015年　　82.53%　　8.87%　　1.51%
2014年　　83.88%　　7.82%　　1.35%
2013年　　84.88%　　7.30%　　1.37%
2012年　　86.00%　　6.89%　　1.42%
2011年　　86.54%　　6.30%　　1.60%

0.0%　10.0%　20.0%　30.0%　40.0%　50.0%　60.0%　70.0%　80.0%　90.0%　100.0%

≡机动车违法　≡非机动车违法　≡行人乘车人违法　≡非违法过错
≡道路原因　　≡意外　　　　　≡其他

图 6-44　2011~2016 年我国 36 个大城市道路交通事故成因占比分布

注：数据来源于公安部交通管理局。

2016 年，机动车交通违法、非机动车交通违法、行人乘车人交通违法、非违法过错、道路原因、意外事件、其他原因导致的交通事故死亡人数在 36 个大城市道路交通事故死亡总量的占比分别为 84.08%、5.05%、2.47%、3.58%、0.01%、0.25%、4.56%。从死亡人数占比变化趋势看，2011~2016 年，非机动车违法导致交通事故死亡人数呈逐年上升趋势，占比上升了 2.01%；机动车违法导致交通事故死亡人数占比呈逐年下降趋势，占比下降了 4.23%。行人乘车人交通违法、非违法过错、道路原因、意外事件、其他原因导致的交通事故死亡人数占比变化幅度较小，如图 6-45 所示。

2016 年，机动车交通违法、非机动车交通违法、行人乘车人交通违法、非违法过错、道路原因、意外事件、其他原因导致的交通事故受伤人数在 36 个大城市道路交通事故受伤总量的占比分别为 82.68%、9.61%、0.92%、3.22%、0.02%、0.18%、3.37%。从受伤人数占比变化趋势看，2011~2016

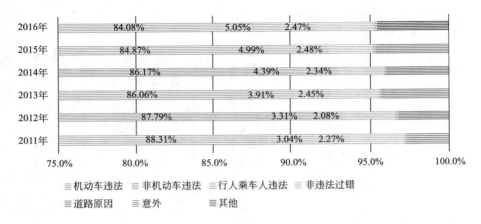

图 6-45　2011~2016 年我国 36 个大城市道路交通事故成因导致死亡人数占比分布

注：数据来源于公安部交通管理局。

年，非机动车违法导致交通事故受伤人数呈逐年上升趋势，占比上升了3.43%；机动车违法导致交通事故死亡人数占比呈逐年下降趋势，占比下降了 4.97%。行人乘车人交通违法、非违法过错、道路原因、意外事件、其他原因导致的交通事故死亡人数占比变化幅度较小，如图 6-46 所示。

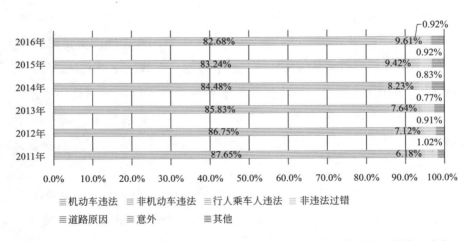

图 6-46　2011~2016 年我国 36 个大城市道路交通事故成因导致受伤人数占比分布

注：数据来源于公安部交通管理局。

6.5.1　机动车违法行为导致交通事故

未按规定让行、无证驾驶、酒后驾驶、违反交通信号、逆行导致的交通事故是 36 个大城市道路交通事故排名前五位的机动车交通违法行为。从事故起数占比、死亡人数占比变化趋势看，2011～2016 年，未按规定让行、超速行驶交通违法导致交通事故数及伤亡人数呈逐年下降趋势，而酒后驾驶导致交通事故数及伤亡人数呈逐年上升趋势。

6.5.1.1　事故起数

2016 年，36 个大城市机动车交通违法行为导致的交通事故中，未按规定让行违法行为导致的交通事故最多，占比达 12.29%；其次是无证驾驶，占比为 5.18%；第三是酒后驾驶，占比为 4.58%。另外，在一般 20 类机动车交通违法行为中，还有违反交通信号、逆行、超速行驶、违法变更机动车道、违法上道路行驶、违法占道行驶、违法掉头、违法倒车 8 类机动车违法行为导致的交通事故占比超过 1%。从事故占比变化趋势看，2011～2016 年，酒后驾驶导致的交通事故数呈逐年上升趋势，占比上升了 2.32%；超速行驶导致的交通事故数降幅最大，占比下降了 4.02%；其次是未按规定让行导致的交通事故占比下降了 3.5%。如表 6-1 所示。

2011～2016 年机动车违法行为导致交通事故占比分布　　　表 6-1

机动车交通违法行为	交通违法行为导致交通事故占比					
	2016 年	2015 年	2014 年	2013 年	2012 年	2011 年
未按规定让行	12.29%	12.16%	12.73%	13.64%	14.88%	15.79%
无证驾驶	5.18%	5.71%	5.87%	5.86%	5.85%	4.93%
酒后驾驶	4.58%	4.08%	3.43%	2.96%	3.09%	2.26%
违反交通信号	2.98%	2.99%	2.60%	2.42%	3.08%	2.93%
逆行	2.41%	2.49%	2.55%	2.74%	2.87%	3.10%
超速行驶	2.10%	2.26%	2.20%	2.25%	5.68%	6.12%
违法变更车道	1.80%	1.98%	1.68%	1.56%	1.53%	2.27%

机动车交通违法行为	交通违法行为导致交通事故占比					
	2016 年	2015 年	2014 年	2013 年	2012 年	2011 年
违法上道路行驶	1.77%	1.80%	1.81%	1.68%	1.67%	1.37%
违法占道行驶	1.56%	1.44%	1.89%	2.05%	2.85%	2.37%
违法倒车	1.27%	1.25%	1.43%	1.46%	1.37%	1.50%
违法掉头	1.06%	1.06%	1.05%	1.19%	1.23%	1.19%
违法超车	0.96%	0.97%	1.05%	1.18%	1.24%	1.69%
违法会车	0.95%	1.11%	1.11%	1.26%	1.28%	1.86%
违法抢行	0.66%	0.49%	0.55%	0.62%	0.48%	0.34%
违法装载	0.51%	0.43%	0.52%	0.62%	0.65%	0.65%
违法停车	0.50%	0.57%	0.54%	0.52%	0.49%	0.44%
疲劳驾驶	0.32%	0.37%	0.48%	0.40%	0.20%	0.33%
违法装载超限及危险品运输	0.12%	0.05%	0.07%	0.10%	0.01%	0.01%
不按规定使用灯光	0.05%	0.07%	0.09%	0.13%	0.35%	0.40%
违法牵引	0.02%	0.02%	0.02%	0.02%	0.03%	0.03%

6.5.1.2 死亡人数

2016 年，36 个大城市机动车交通违法行为导致交通事故死亡人数中，未按规定让行违法行为导致交通事故死亡人数最多，占比达 10.37%；其次是无证驾驶，占比为 6.49%；第三是酒后驾驶，占比为 4.91%。另外，在一般 20 类机动车交通违法行为中，还有违反交通信号、逆行、超速行驶、违法变更机动车道、违法上道路行驶、违法占道行驶、违法倒车、违法掉头、违法超车 9 类机动车违法行为导致的交通事故死亡人数占比超过 1%。从死亡人数占比变化趋势看，2011~2016 年，酒后驾驶导致的交通事故死亡人数呈逐年上升趋势，占比上升了 1.98%；超速行驶导致的交通事故死亡人数降幅最大，占比下降了 5.62%；其次是未按规定让行、逆行导致的交通事故死亡人数占比分别下降了 1.66%、1.62%，如表 6-2 所示。

2011～2016 年机动车违法行为导致交通事故死亡人数占比分布 表 6-2

机动车交通违法行为	交通违法行为导致交通事故死亡人数占比					
	2016 年	2015 年	2014 年	2013 年	2012 年	2011 年
未按规定让行	10.37%	10.13%	10.53%	10.47%	11.61%	12.03%
无证驾驶	6.49%	6.96%	7.69%	7.70%	7.29%	6.68%
酒后驾驶	4.91%	4.69%	4.17%	4.07%	3.80%	2.93%
违反交通信号	3.87%	4.22%	3.87%	3.47%	8.27%	9.49%
逆行	2.72%	3.14%	2.88%	2.73%	2.72%	2.14%
超速行驶	2.64%	2.85%	2.36%	2.21%	2.47%	2.48%
违法变更车道	2.54%	2.59%	2.82%	3.21%	3.20%	4.16%
违法上道路行驶	1.58%	1.20%	1.47%	1.53%	2.65%	2.36%
违法占道行驶	1.19%	0.90%	1.38%	1.79%	1.27%	1.48%
违法倒车	1.12%	0.91%	0.99%	0.89%	0.96%	1.24%
违法掉头	1.03%	0.56%	0.50%	0.57%	0.42%	0.29%
违法超车	1.00%	1.18%	1.50%	1.47%	1.32%	1.36%
违法会车	0.97%	1.05%	1.22%	1.15%	1.33%	1.87%
违法抢行	0.96%	1.15%	1.07%	1.38%	1.23%	1.74%
违法装载	0.41%	0.29%	0.47%	0.58%	0.48%	0.68%
违法停车	0.39%	0.48%	0.53%	0.57%	0.53%	0.56%
疲劳驾驶	0.39%	0.47%	0.36%	0.41%	0.42%	0.35%
违法装载超限及危险品运输	0.08%	0.10%	0.12%	0.24%	0.01%	0.01%
不按规定使用灯光	0.04%	0.05%	0.11%	0.13%	0.26%	0.46%
违法牵引	0.04%	0.03%	0.04%	0.04%	0.03%	0.08%

6.5.2　非机动车违法引发的道路交通事故

非机动车逆行、违法占道行驶、违反交通信号、违法上道路行驶、未按规定让行导致的交通事故是 36 个大城市道路交通事故排名前五位的非机动车交通违法行为。从事故起数占比、死亡人数占比变化趋势看，2011～2016 年，违反交通信号、违法占道行驶、违法上道路行驶导致交通事故数及伤亡人数呈逐年上升趋势。

6.5.2.1 事故起数

2016 年，36 个大城市非机动车交通违法行为导致交通事故中，非机动车逆行导致的交通事故最多，占比达 1.77%；其次是违法占道行驶，占比 1.74%；第三是违反交通信号，占比 1.62%。从事故占比变化趋势看，2011～2016 年，非机动车违反交通信号、违法占道行驶、违法上道路行驶导致的交通事故占比升幅较大，分别上升了 0.7%、0.65%、0.31%，如表 6-3 所示。

2011～2016 年非机动车违法行为导致交通事故占比分布 表 6-3

非机动车交通违法行为	交通违法行为导致交通事故占比					
	2016 年	2015 年	2014 年	2013 年	2012 年	2011 年
逆行	1.77%	1.85%	1.78%	1.69%	1.67%	1.46%
违法占道行驶	1.74%	1.69%	1.28%	1.36%	1.21%	1.09%
违反交通信号	1.62%	1.54%	1.22%	1.14%	1.09%	0.92%
违法上道路行驶	1.03%	1.02%	0.91%	0.73%	0.62%	0.39%
未按规定让行	0.89%	0.85%	0.93%	0.80%	0.79%	0.76%
超速行驶	0.48%	0.50%	0.44%	0.41%	0.39%	0.46%
酒后驾驶	0.34%	0.37%	0.29%	0.22%	0.18%	0.14%
违法超车	0.22%	0.23%	0.25%	0.26%	0.21%	0.22%
违法抢行	0.12%	0.15%	0.13%	0.08%	0.10%	0.12%
违法装载	0.07%	0.06%	0.07%	0.07%	0.05%	0.06%
违法停车	0.04%	0.04%	0.04%	0.03%	0.04%	0.04%
无证驾驶	0.02%	0.04%	0.02%	0.02%	0.02%	0.02%

6.5.2.2 死亡人数

2016 年，36 个大城市非机动车交通违法行为导致的交通事故死亡人数中，违反交通信号违法行为导致的交通事故死亡人数最多，占比达 1.09%；其次是违法占道行驶，占比 0.84%；第三是未按规定让行，占比 0.68%。从死亡人数占比变化趋势看，2011～2016 年，非机动车违反交通信号、违法上道路行驶、违法占道行驶导致交通事故占比升幅较大，分别上升了 0.49%、0.44%、0.31%，如表 6-4 所示。

2011～2016 年非机动车违法行为导致交通事故死亡人数占比分布　表 6-4

非机动车交通违法行为	交通违法行为导致交通事故占比					
	2016 年	2015 年	2014 年	2013 年	2012 年	2011 年
违反交通信号	1.09%	0.99%	0.92%	0.75%	0.62%	0.60%
违法占道行驶	0.84%	1.02%	0.70%	0.70%	0.68%	0.53%
未按规定让行	0.68%	0.56%	0.60%	0.45%	0.44%	0.52%
违法上道路行驶	0.65%	0.61%	0.52%	0.43%	0.26%	0.21%
逆行	0.52%	0.50%	0.56%	0.57%	0.62%	0.41%
酒后驾驶	0.41%	0.47%	0.29%	0.18%	0.13%	0.17%
超速行驶	0.26%	0.26%	0.27%	0.25%	0.21%	0.12%
违法抢行	0.10%	0.14%	0.08%	0.08%	0.04%	0.06%
违法超车	0.04%	0.05%	0.04%	0.04%	0.04%	0.04%
违法装载	0.04%	0.02%	0.04%	0.04%	0.01%	0.01%
违法停车	0.01%	0.02%	0.01%	0.03%	0.03%	0.01%
无证驾驶	0.00%	0.03%	0.01%	0.01%	0.01%	0.01%

第 7 章　城市道路建设与公共交通发展

近年来，我国城市道路建设虽然取得长足发展，但是许多城市的道路密度和人均道路面积等多项指标仍然低于国家标准值下限。伴随着机动车保有量快速增长，城市交通拥堵日益加剧。城市公共交通具有集约高效和节能环保的特点，优先发展城市公共交通是缓解城市交通拥堵和转变城市发展方式的重要举措，也是提升人民群众生活品质和促进城市交通可持续发展的重要途径。

7.1　城市道路建设

7.1.1　城市道路里程

7.1.1.1　道路里程

据国家统计局网站和《中国城市建设统计年鉴 2015 年》数据统计，2015 年，我国 36 个大城市道路里程总计 11.64 万 km，与上年相比增长了 3.19%，占全国比例的 31.89%，如图 7-1 所示。数据显示，我国 36 个大城市道路里程总量约占全国城市道路里程总量的 1/3，2013～2015 年，36 个大城市道路里程总量增长了 8.48%，每年均呈现出增长趋势。

2015 年，北京、南京、重庆、天津、广州、深圳和武汉 7 个城市道路里程超过了 5000km，北京为 8104km 居首，南京为 7771km 次之，重庆为 7712km 排名第三位；上海、济南、青岛、沈阳、长春、西安、大连、杭州、哈尔滨、成都、长沙、乌鲁木齐、昆明、合肥和太原 15 个城市道路里程超过 2000km（小于 5000km），上海为 4989km，济南为 4854km，青岛为

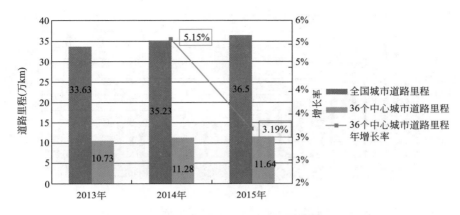

图 7-1　2013~2015 年我国 36 个大城市道路里程总体情况
注：数据来源于国家统计局网站和《中国城市建设统计年鉴》。

4375km；石家庄、厦门、郑州、南昌、宁波、兰州、南宁、贵阳、福州和海口 10 个城市道路里程超过 1000km（小于 2000km），石家庄为 1993km，厦门为 1828km，郑州为 1809km；呼和浩特、拉萨、银川、西宁 4 个城市道路里程不足 1000km，呼和浩特为 898km，拉萨为 751km，银川为 616km，西宁为 512km，如图 7-2 所示。从数据显示来看，各城市道路里程差距较大，北京为呼和浩特的 9.0 倍，为西宁的 15.8 倍。从城市区域分布来看，东部沿海地区的城市道路里程普遍高于中西部地区的城市。从 2013~2015 年城市道路里程增长情况来看，增长率超过 50% 的城市只有拉萨，其增长率达到了 133.2%，说明其城市道路正处于一个快速扩张的阶段。南昌、兰州、石家庄、重庆和杭州 5 个城市的道路里程增长率均超过了 20%（小于 50%），其中南昌为 49.9%，兰州为 44.9%，石家庄为 24.7%，可见中西部城市的道路里程增长也较为迅速。郑州、长春、武汉和天津 4 个城市增长率超过了 10%（小于 20%）。剩下的 27 个城市，除呼和浩特道路里程数保持稳定之外，其余的 26 个城市道路里程也都呈现出增长趋势，但增长率较小，都在 10% 以内。

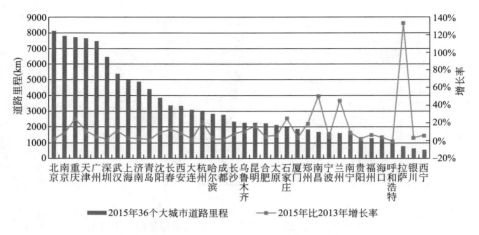

图 7-2　2015 年我国 36 个大城市道路里程情况

注：数据来源于《中国城市建设统计年鉴》。

7.1.1.2　道路网密度

城市道路网密度合理是保障城市交通运行效率的重要基础，道路网密度高可以有效提高城市路网交通可达性，减少交通运行延误；反之，将影响城市交通运行秩序与效率。依据城市道路里程与城市建成区面积计算城市道路网密度，2015 年，我国 36 个大城市平均道路网密度为 6.49km/km²。我国《城市道路交通规划设计规范》GB 50220—95 规定，人口超过 200 万人的大城市，道路网密度规范值为 5.4～7.1km/km²，人口小于 200 万人的大城市，道路网密度规范值为 5.3～7.0km/km²。按照该标准的规定，36个大城市中有 12 个城市低于规范值的下限，占 36 个城市的 33.33%，也就是说有 1/3 的城市道路网密度达不到国家标准的下限要求，包括昆明、乌鲁木齐、兰州、宁波、合肥、上海、福州、成都、贵阳、郑州、银川、和呼和浩特。其中郑州道路网密度为 4.1km/km²，银川为 3.7km/km²，呼和浩特为 3.5km/km²，如图 7-3 所示。与国际城市对比来看，我国 36 个大城市中，只有济南、南京 2 个城市道路网密度超过 10km/km²，但与东京

（18.7km/km²）和纽约（17km/km²）等发达城市的道路网密度相比，还有较大差距。

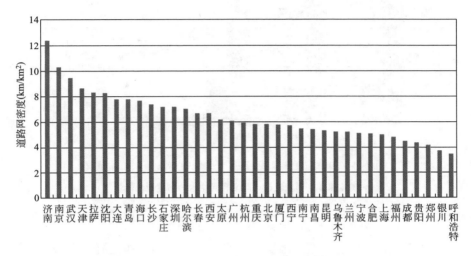

图 7-3　2015 年我国 36 个大城市道路网密度

注：数据来源于《中国城市建设统计年鉴》。

7.1.2　城市道路面积

据国家统计局网站和《中国城市建设统计年鉴 2015 年》数据统计，2015 年，我国 36 个大城市道路面积总计 2335.34km²，与上年相比增长了 5.43%，占全国道路面积的 32.54%，如图 7-4 所示。数据显示，我国 36 个大城市道路面积总量约占全国城市道路面积总量的 1/3，2013~2015 年，36 个大城市道路面积总量增长了 12.20%，与城市道路里程总量增长相比高出 3.72 个百分点，道路面积增长速度显著快于道路里程增长速度，说明城市"宽大马路"建设现象较为普遍，由此容易造成城市行人和非机动车交通过街距离增加，降低了过街的便利性和安全性，也不利于均衡交通。

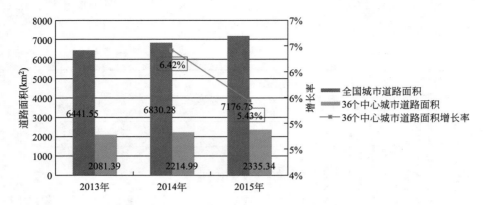

图7-4 2013～2015年我国36个大城市道路面积总体情况

注：数据来源于国家统计局网站和《中国城市建设统计年鉴》。

7.1.2.1 道路面积

2015年，重庆、北京、南京、天津、深圳、广州和上海7个城市道路面积超过10000万 m²，重庆为16128万 m² 居首，北京为14302万 m² 次之，南京为14248万 m² 排名第三位；武汉、沈阳、济南、青岛、西安、成都、长春、杭州、合肥、哈尔滨、石家庄、昆明、郑州、大连、长沙、太原、南宁和兰州18个城市道路面积超过4000万 m²（小于10000万 m²），武汉为9495万 m²，沈阳为9071万 m²，济南为8358万 m²；厦门、南昌、乌鲁木齐、宁波、福州、贵阳、海口、呼和浩特、银川、拉萨和西宁11个城市道路面积小于4000万 m²，银川为1898万 m²，拉萨为1541万 m²，西宁为960万 m²，如图7-5所示。从增长率来看，拉萨、兰州、昆明和南昌等中西部城市道路面积明显增长较快，体现了近年来我国中西部城市发展的成果，但也要看到，目前东部沿海经济发达地区城市道路面积依然普遍高于中西部城市，北京道路面积为拉萨的9.3倍，为西宁的14.9倍。

7.1.2.2 人均道路面积

城市人均道路面积可以反映城市道路资源的人均供给水平，人均道路

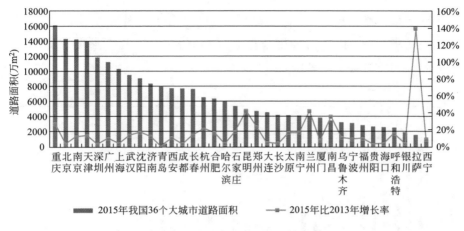

图 7-5 2015 年我国 36 个大城市道路面积情况

注：数据来源于《中国城市建设统计年鉴》。

面积越大，说明城市道路资源的人均供给水平相对越高；反之，说明人均
供给水平相对越低。我国《城市道路交通规划设计规范》GB 50220—1995
规定，城市人均占用道路用地面积宜为 7～15m^2。依据城市道路面积和城
市常住人口计算，36 个大城市中只有 2 个城市的人均道路面积超过 15m^2，
却有 15 个城市的人均道路面积不足 7m^2，即超过四成的城市人均道路面积
达不到国家标准下限要求。拉萨、南京、济南、海口、沈阳、兰州和长春
7 个城市人均道路面积大于 10m^2/人，拉萨为 23.2m^2/人居首，南京为
17.2m^2/人次之，济南为 11.6m^2/人排名第三位；深圳、厦门、太原、乌鲁
木齐、天津、武汉、西安、银川、青岛、呼和浩特、合肥、广州、昆明和
杭州 14 个城市人均道路面积大于 7m^2/人（小于 10m^{2}人），深圳为 9.9m^2/
人，厦门为 9.8m^2/人，太原为 9.5m^2/人；北京、大连、南昌、南宁、贵
阳、哈尔滨、长沙、重庆和石家庄 9 个城市人均道路面积大于 5m^2/人（小
于 7m^2/人），北京为 6.6m^2/人，大连为 6.5m^2/人，南昌为 6.4m^2/人；郑
州、成都、上海、西宁、宁波和福州 6 个城市人均道路面积小于 5m^2/人，

西宁为 4.1m²/人，宁波为 4.0m²/人，福州为 3.7m²/人，如图 7-6 所示。与国际城市相比，我国 36 个大城市除了拉萨之外（因为人口较少而导致人均面积较大），其余城市仍与伦敦（24.5m²/人）和新加坡（98.0m²/人）等城市有着较大的差距。

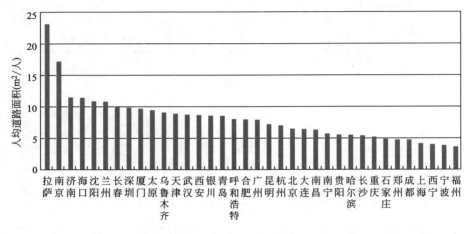

图 7-6　2015 年我国 36 个大城市人均道路面积

注：数据来源于《中国城市建设统计年鉴》。

7.1.2.3　车均道路面积

城市车均道路面积可以反映城市道路资源的车均供给水平，车均道路面积越大，说明城市道路资源的车均供给水平相对越高；反之，说明车均供给水平相对越低。依据城市道路面积与城市机动车保有量计算城市车均道路面积，2015 年，我国 36 个大城市平均车均道路面积为41.5m²/辆。拉萨、南京、兰州、长春、重庆、沈阳、合肥、济南、天津和广州 10 个城市车均道路面积大于 50m²/辆，拉萨为 95.5m²/辆居首，南京为 72m²/辆次之，兰州为 64.5m²/辆排名第三；西宁、成都、郑州和宁波 4 个城市车均道路面积小于 25m²/辆，成都为 21.1m²/辆，郑州为 19.8m²/辆，宁波为17.3m²/辆，如图 7-7 所示。

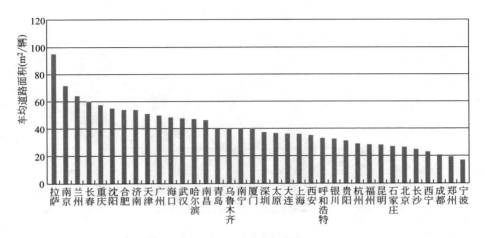

图 7-7　2015 年我国 36 个大城市车均道路面积

注：数据来源于公安部交通管理局和《中国城市建设统计年鉴》。

7.2　城市地面公共交通

7.2.1　城市公共汽电车运营车辆数持续增长

2012～2016 年，我国 36 个大城市公共汽电车运营车辆数总体呈增长态势。2016 年，36 个大城市公共汽电车运营车辆数超过 10000 标台的城市有 10 个，分别为北京、上海、深圳、广州、天津、成都、重庆、武汉、南京、杭州。按照国家标准规定，31 个大城市公共交通车辆人均保有量达到了标准规范值要求，长春、上海、太原、海口、重庆低于规范值。

据《2016 年交通运输行业发展统计公报》和《中国城市客运发展报告（2016）》统计，2016 年，我国 36 个大城市公共汽电车运营车辆数总计 30.76 万标台，比 2015 年增长 3.92%，占全国公共汽电车运营车辆数的 44.75%，较 2015 年略微有所下降。2012～2016 年，虽然车辆数在 2012 年出现过负增长，但总体仍呈增长态势，如图 7-8 所示。

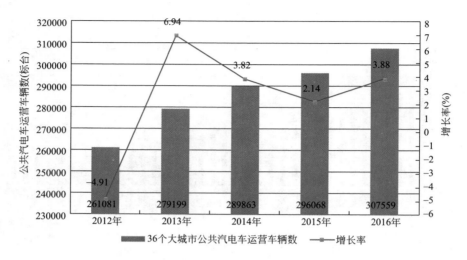

图7-8　2012~2016年我国36个大城市公共汽电车运营车辆数

注：数据来源于《中国城市客运发展报告》。

2016年，北京、上海、深圳、广州、天津、成都、重庆、武汉、南京、杭州10个城市公共汽电车运营车辆数超过10000标台，其中北京为32685标台居首，上海为20659标台次之，深圳为18899标台排名第三。太原、呼和浩特、银川、西宁、海口、拉萨6个城市的公共汽电车运营车辆数不足3000标台，如图7-9所示。从城市公共汽电车运营车辆的绝对量来看，城市公共汽电车运营车辆数大的城市其城市人口数也较大，超过10000标台的10个城市中，有7个城市常住人口超过1000万人；城市人口较少的中西部城市，公共汽电车运营车辆绝对量较小。从各城市公共交通车辆人均保有量来看，按照我国《城市道路交通规划设计规范》GB 50220—1995的规定，大城市公共汽电车的规划拥有量，应每800~1000人一标台，即10~12.5标台/万人。虽然城市公共交通车辆人均保有量的统计中包含轨道交通车辆在内，由于其数量相对公共汽电车数量要小很多，仍可视为公共汽电车保有量与标准中规定的规划拥有量进行参照对比。数据表明，31个大城市公共交通车辆人均保有量超过了规范中规定的水平，而长春、上海、太原、海口、重庆公共交通车辆人均保有量分别为 9.2 标台/万人、8.6 标台/万人、7.8 标台/万人、6.8 标台/万人、5.4 标台/万人，未达到规范中规定的水平，如图 7-9 所示。

图 7-9　2016 年我国 36 个大城市公共汽电车运营车辆数

注：数据来源于《中国城市客运发展报告》。

7.2.2　公共汽电车运营线路长度稳步增长

2012～2016 年，我国 36 个大城市公共汽电车运营线路长度增长了 22.16%。2016 年，36 个大城市公共汽电车运营线路长度超过 10000km 的城市有 8 个，分别为上海、深圳、广州、北京、天津、重庆、杭州、昆明，其中上海、深圳和广州 3 个城市超过 20000km。

据《2016 年交通运输行业发展统计公报》和《中国城市客运发展报告（2016）》数据统计，2016 年，我国 36 个大城市公共汽电车运营线路长度总计 27.5 万 km，相比 2015 年增长了 4.6%，占全国公共汽电车运营线路总长度的 28.0%，如图 7-10 所示。2012～2016 年，36 个大城市公共汽电车运营线路长度总和稳步增长，5 年间共增长 22.16%。

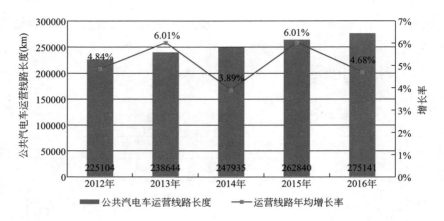

图 7-10　2012~2016 年我国 36 个大城市公共汽电车运营线路长度

注：数据来源于《中国城市客运发展报告》。

2016 年，共有 8 个城市公共汽电车运营线路长度超过 10000km，分别为上海、深圳、广州、北京、天津、重庆、杭州、昆明，其中上海居首，为 24169km；其次为深圳，为 21177km；广州位居第三，为 20831km，如图 7-11 所示。海口、银川、呼和浩特、兰州、西宁、拉萨 6 个城市公共

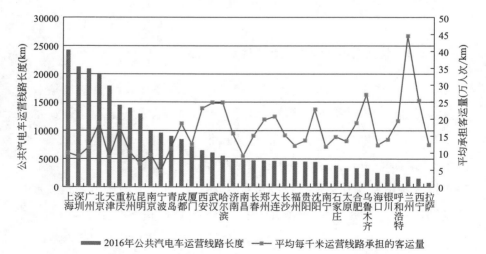

图 7-11　2016 年我国 36 个大城市公共汽电车运营线路长度与平均承担客运量

注：数据来源于《中国城市客运发展报告》。

汽电车运营线路不到 3000km，其中兰州为 1769km，西宁为 1420km，拉萨为 667km，如图 7-11 所示。数据显示，北京、上海、广州、深圳 4 个城市公共汽电车运营线路长度位居前 4，一定程度上说明城市公共汽电车运营线路长度和城市社会经济发展有关。东部沿海城市普遍高于中西部地区城市，且差距较大，如上海为乌鲁木齐的 7.6 倍，为兰州的 13.7 倍。从城市公共汽电车运营线路平均每千米承担的客运量看，公共汽电车运营线路越长，承担客运量相对越小，如上海公共汽电车运营线路平均每千米承担的客运量为乌鲁木齐的 32.6%，为兰州的 22.3%。

7.2.3　公共汽电车客运量

2016 年，我国的城市公共汽电车客运量继续降低，较 2015 年减少 20.05 亿人次，降幅为 2.6%。36 个大城市中，公共汽电车客运量超过 20 亿人次的城市有 4 个，较 2015 年减少一个，分别为北京、广州、上海、重庆，其中北京公共汽电车客运量达到 36.9 亿人次。

据《2016 年交通运输行业发展统计公报》和《中国城市客运发展报告（2016）》数据统计，2016 年，36 个大城市公共汽电车共完成客运量 373.62 亿人次，占全国的 50.13%，比 2015 年降低 5.15%，连续两年出现下降趋势，如图 7-12 所示。

2016 年，北京、重庆、广州、上海 4 个城市公共汽电车客运量超过了 20 亿人次，其中北京位居全国第一，为 36.9 亿人次；其次为重庆，客运量 25.03 亿人次；第三为广州，24.16 亿人次。南宁、太原、南昌、宁波、呼和浩特、西宁、银川、海口、拉萨 9 个城市公共汽电车客运量在 5 亿人次以内，其中银川为 3.1 亿人次，海口为 2.9 亿人次，拉萨为 0.8 亿人次，如图 7-13 所示。从城市公共汽电车客运量占城市公共交通客运总量的比例来看，开通轨道交通的城市相对较低，说明了轨道交通在公共交通中的骨干和主体地位。从 2015 年至 2016 年公共汽电车客运量变化情况看，28 个城市公共汽电车客运量均下降，导致了 36 个大城市公共汽电车总客运量

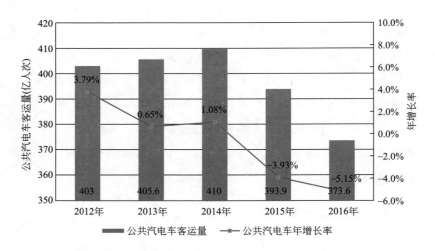

图7-12　2012~2016年我国36个大城市公共汽电车客运量

注：数据来源于《中国城市客运发展报告》。

的降低，这可能是由小汽车数量进一步增长和轨道交通竞争力进一步增强引起的。

7.2.4　公共汽电车车均场站面积总体发展相对缓慢

2012~2016年，我国36个大城市平均公共汽电车车均场站面积增加2.11%，其中19个城市车均场站面积增长，17个城市车均场站面积降低。2016年，我国36个大城市公共汽电车车均场站面积大于150m²/标台的城市有6个，分别为呼和浩特、宁波、银川、郑州、石家庄、太原，公共汽电车车均场站面积不足50m²/标台的城市有4个，分别为重庆、广州、长春、南昌。

据《中国城市客运发展报告（2016）》数据统计，2016年，我国36个大城市平均车均场站面积为101.4m²/标台，如图7-14所示。2012~2016年，36个大城市平均车均场站面积每年均有小幅度变化，总体上看车均场站面积发展较为缓慢。

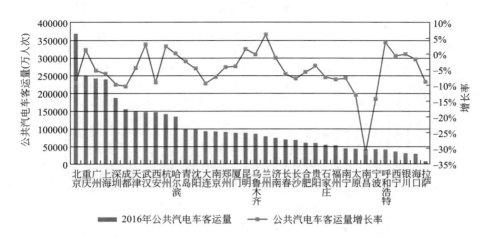

图 7-13　2016 年我国 36 个大城市公共汽电车客运量

注：数据来源于《中国城市客运发展报告》。

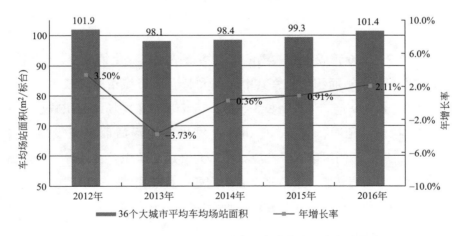

图 7-14　2012~2016 年我国 36 个大城市公共汽电车车均场站面积

注：数据来源于《中国城市客运发展报告》。

2016 年，呼和浩特、宁波、银川、郑州、石家庄、太原 6 个城市公共汽电车车均场站面积大于 150m²/标台，呼和浩特为 233.0m²/标台居首，宁波为 223.5m²/标台次之，银川为 196.8m²/标台排名第三。重庆、广州、长春、南昌 4 个城市公共汽电车车均场站面积不足 50m²/标台，如图 7-15 所示。

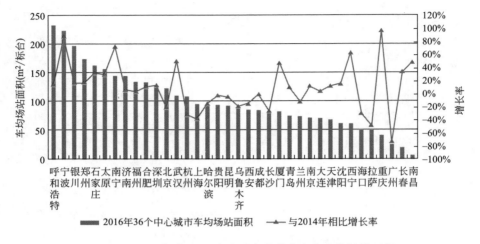

图 7-15　2016 年我国 36 个大城市公共汽电车车均场站面积

注：数据来源于《中国城市客运发展报告》。

从 2012~2016 年城市公共汽电车车均场站面积变化情况看，5 年间，18 个城市车均场站面积增长，其中兰州和长春 2 个城市的增长率超过 2 倍，兰州增长 3.9 倍，长春增长 3.5 倍。18 个城市车均场站面积减小，其中大连、拉萨、昆明、南昌、广州 5 个城市车均场站面积减少均超过 40%。这说明，不同城市对于发展城市公共交通的认识存在差异，场站面积减少的城市需要认真反思自身存在的问题，找准原因，认真落实公交优先政策，加大公共汽电车场站建设力度，防止由于公共交通停放场地不足引发城市交通问题。

7.2.5　公交专用车道开通里程持续增长

2012~2016 年，我国 36 个大城市中有 24 个城市的公交专用道里程增加，其中 16 个城市公交专用道里程增长率超过 1 倍，武汉、呼和浩特、大连、宁波、郑州、福州和太原 7 个城市公交专用车道里程增长率超过 2 倍。

但是，厦门、南宁、深圳、昆明、石家庄和重庆 6 个城市公交专用车道里程降低。2016 年，36 个大城市中开通公交专用车道的城市有 33 个，公交专用车道总里程为 6051.3km，其中北京、深圳、广州、成都 4 个城市公交专用车道里程超过了 400km。

据《中国城市客运发展报告（2016）》数据统计，2016 年，我国 36 个大城市中开通公交专用车道的城市有 33 个，公交专用车道总里程为 6051.3km，相比 2015 年增长 16.3%，占全国公交专用车道总长度的 61.9%。从 36 个大城市公交专用道总里程增长率看，2012~2016 年公交专用车道总里程呈逐年递增趋势，其中 2013 年增长比较缓慢，如图 7-16 所示。

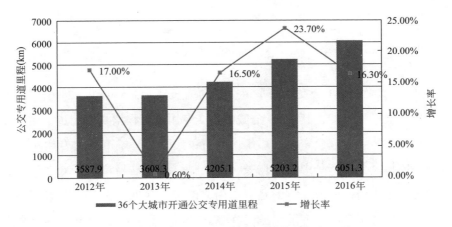

图 7-16　2012~2016 年我国 36 个大城市公交专用道里程

注：数据来源于《中国城市客运发展报告》。

2016 年，36 个大城市平均公交专用车道里程为 168.09km，共有 12 个城市超过平均值，其中北京公交专用道里程为 845km，位居第一，其次依次为深圳、广州、成都、上海，公交专用道里程分别为 479km、457.6km、431.8km、325km。南宁、南昌、海口、石家庄、贵阳、兰州 6 个城市公交专用车道里程小于 50km。另外，重庆、西宁和拉萨 3 个城市暂未开通公交专用车道，如图 7-17 所示。

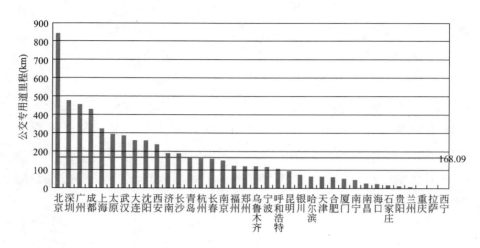

图7-17　2016年我国36个大城市开通公交专用道情况

注：数据来源于《中国城市客运发展报告》。

从2012~2016年公交专用车道里程的增长率看，5年间，24个城市的公交专用道里程增加，其中16个城市公交专用道里程增长率超过1倍。武汉、呼和浩特、大连、宁波、郑州、福州和太原7个城市公交专用车道里程增长率超过2倍，其中武汉增长了8.7倍，呼和浩特增长了6.3倍，大连增长了4.7倍。值得注意的是，厦门、南宁、深圳、昆明、石家庄和重庆6个城市公交专用车道里程呈现负增长，其中重庆自2014年短暂开通公交专用道后，又于2016年取消。南宁自2013年取消公交专用道后，2015年又开始启用，但是公交专用道里程相比2012年前降低21.7%，石家庄的公交专用道里程虽然比2015年稍稍增加，但相比2012年前，依然降低了32.8%，如图7-18所示。从2016年公交专用车道里程相比上年的增长率看，我国36个大城市中，有25个城市公交专用道里程增加，10个城市公交专用道里程保持不变，只有重庆的公交专用道里程减少。综上说明，大部分城市充分认识到了发展公共交通对于转变城市交通出行结构和缓解交通拥堵的重要作用，切实落实公交优先理念，积极推动公交专用道发展。

142

但是少数城市在推动公共交通优先发展方面还存在重视程度不够、措施落实不到位的问题，亟需树立绿色、低碳、循环发展理念，采取有力措施确保公共交通优先发展。

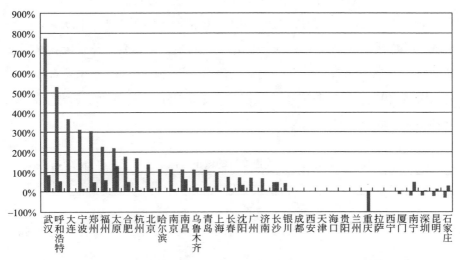

■ 2012~2016年公交专用道里程增长率 ■ 2016年公交专用道里程比上年增长率

图7-18 2012~2016年我国36个大城市公交专用道里程增长情况

注：数据来源于《中国城市客运发展报告》。

7.3 城市轨道交通

2016年，36个大城市中开通轨道交通的城市达到24个，轨道交通运营线路总长度为3528.5km，其中地铁长度为3109km，占88.11%，是轨道交通的主体。

7.3.1 轨道交通运营线路增长趋缓

2016年，我国36个大城市轨道交通运营线路长度超过100km的城市有 10 个，分别为上海、北京、广州、深圳、南京、重庆、武汉、天津、大连、成都。与 2015 年相比，线路长度增长最多的 3 个城市依次为深圳、武汉、西安。

　　2016 年，我国大陆地区共有 30 个城市开通轨道交通，其中 36 个大城市中有 24 个城市开通轨道交通，相比 2015 年增加了合肥、福州和南宁 3 个城市，如表 7-1 所示。36 个大城市中，轨道交通运营线路长度排名前三的城市为上海、北京、广州，线路长度分别为 617.5km、574km、309km。与 2015 年相比，线路长度增长最多的 3 个城市依次为深圳、武汉、西安，分别增长 108km、55km、38.1km。

2012～2016 年我国大陆地区开通轨道交通的城市与运营线路长度（km） 表 7-1

2012 年		2013 年		2014 年		2015 年		2016 年	
上海	464.3	上海	577	上海	643	上海	617.5	上海	617.5
北京	442	北京	465	北京	604	北京	553.7	北京	574
广州	220.9	广州	246	广州	247	广州	274	广州	309
深圳	178.6	深圳	178	深圳	179	南京	231.8	南京	231.8
大连	86.8	大连	87	大连	127	重庆	202	重庆	213.3
天津	137	天津	139	天津	147	深圳	177	深圳	285
南京	81.6	南京	82	南京	187	大连	166.9	大连	166.9
重庆	131.1	重庆	170	重庆	202	天津	147	天津	175.4
沈阳	49.9	沈阳	115	沈阳	114	武汉	125.4	武汉	180.4
长春	47.5	长春	48	长春	56	成都	86	成都	105.5
武汉	56.5	武汉	73	武汉	96	杭州	81.5	杭州	81.5
西安	20.5	西安	46	西安	52	长春	64.2	长春	64.2
成都	41	成都	115	成都	155	昆明	59.3	昆明	46.3
杭州	48	杭州	48	杭州	66	沈阳	54	沈阳	54
昆明	18	昆明	40	郑州	26	西安	50.9	西安	89
苏州	25.7	郑州	26	哈尔滨	17	宁波	49.2	宁波	74.5
佛山	14.8	哈尔滨	17	长沙	22	南昌	28.8	南昌	28.8
		苏州	51	宁波	21	长沙	26.6	长沙	68.8

续表

2012 年		2013 年		2014 年		2015 年		2016 年	
		佛山	15	佛山	21	郑州	26.2	郑州	46.2
				苏州	76	哈尔滨	17.2	哈尔滨	17.2
				昆明	59	青岛	11	青岛	33.3
				无锡	56	苏州	70.1	苏州	86.1
						无锡	55	无锡	55
						淮安	20.1	淮安	20.1
								合肥	24.6
								福州	9.2
								东莞	37.8
								南宁	32.1

注：数据来源于《中国城市客运发展报告》。

2016 年，36 个大城市轨道交通运营线路总长度为 3528.5km，其中 2012 年、2013 年、2014 年轨道交通运营线路总长度连续三年以较大幅度增长，2015 出现一次增幅跳水，增长率仅为 1%，2016 年增长率再度提升至 10% 以上，如图 7-19 所示。

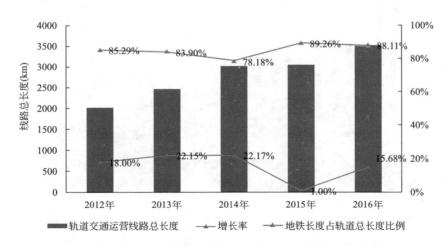

图 7-19　2012~2016 年我国 36 个大城市轨道交通运营线路总长度

注：数据来源于《中国城市客运发展报告》。

从大城市地铁长度占轨道交通总长度的比例看，2012 年至 2014 年比例逐渐下降，但 2015 年和 2016 年地铁长度占轨道交通总长度的比例又开始增长并保持在高位，说明大城市越来越倾向于发展地铁，而其他制式的轨道交通（如轻轨和有轨电车）的总里程逐渐降低，这与地铁能避免城市地面拥挤和充分利用空间有关。

从各大城市轨道交通运营线路长度看，上海、北京、广州位居前三，其中上海轨道交通长度为 617.5km 居首，北京轨道交通长度为 574km 次之，而位居第三的广州轨道交通长度为 309km，北京、上海轨道交通长度大幅领先，如图 7-20 所示。8 个城市运营线路长度低于 50km，且均为 2012 年之后开通轨道交通的城市，说明开通轨道交通的大部分城市还处于轨道交通发展起步阶段，仍有较大的发展空间。

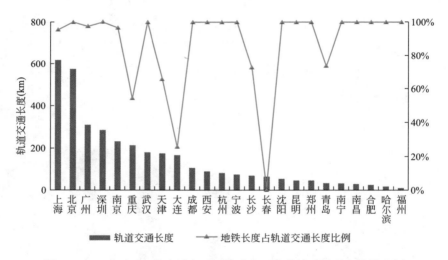

图 7-20　2016 年 36 个大城市开通轨道交通运营线路情况和地铁比例

注：数据来源于《中国城市客运发展报告》。

"十三五"期间我国预计新增城轨里程数达到 5640km，到 2020 年城轨里程总数将达到 9000km。虽然从运营总里程来看，全球前十大城市中我国占据了 4 个（北京、上海、广州、深圳），但无论是从人均轨道交通线路拥有量，还是单位面积土地轨道交通线路拥有量看，我国城市轨道交通线路密度与纽约、伦敦、东京等发达国家城市仍有不小的差距。

2016 年，我国开通轨道交通的 30 个城市中，除苏州、无锡、淮安、东莞外的 24 个城市均在我国 36 个大城市之中（其中昆山轨道交通线路被算进上海线路、佛山轨道交通线路被算进广州线路），说明城市开通轨道交通与城市经济发展、城市定位与发展战略都具有重要关系，而苏州、无锡、东莞均为长三角或者珠三角地区的城市，区位优势明显，经济发展较好，城市交通需求旺盛。

从轨道交通制式结构看，天津、大连有 3 种制式，上海、广州、重庆、长春、南京、青岛、长沙 7 个城市有 2 种制式，其他 14 个城市仅有地铁一种制式。相比 2015 年，36 个大城市中有 15 个城市的地铁运营线路长度增加，说明我国大城市还是以大运量的地铁作为主要轨道交通工具的首选，同时，在重庆、青岛、长沙等城市，轻轨、有轨电车、磁悬浮的运营线路长度也各有小幅度增长，体现了轨道交通制式结构的多样化趋势。

7.3.2　轨道交通运营分析

2016 年，24 个开通轨道交通的大城市总客运量为 158.9 亿人次，占全国城市轨道交通客运量的 98.4%；平均客运量为 6.62 亿人次，北京、上海、广州、深圳、南京、武汉、重庆 7 个城市轨道交通客运量超过平均值。日均客运量方面，北京、上海、广州 3 个城市日均客运量超过 500 万人次/d。年客运量方面，北京、上海、广州、深圳 4 个城市年客运量超过 10 亿人次。

从大城市轨道交通客运量看，24 个城市平均值为 6.62 亿人次，超过平均值的城市有 7 个，分别为北京、上海、广州、深圳、南京、武汉、重庆，具体数值分别为 36.59 亿人次、34.01 亿人次、25.71 亿人次、12.97 亿人次、8.32 亿人次、7.17 亿人次、6.93 亿人次；其他城市轨道交通客运量均低于平均值，其中青岛、南宁、福州、合肥 4 个城市轨道交通年客运量不足 5000 万人次，客运量较少可能与刚开通轨道交通有关，如图

7-21 所示。

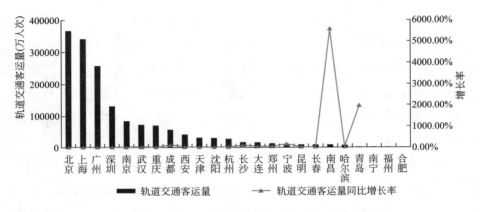

图 7-21　2016 年 36 个大城市轨道交通客运量和同比增长率

注：数据来源于《中国城市客运发展报告》。

　　从轨道交通客运量占公共交通客运量比例看，东京、巴黎、伦敦等城市的轨道交通客运量占城市公共交通客运总量的比例均在 80% 以上，而我国北京、上海、广州轨道交通客运量仅占城市公共交通客运总量的 40% ~ 50%，其他城市则更低。因此，我国城市轨道交通仍有至少十年的"黄金发展期"。

　　从轨道交通客运量同比增长率看，南昌、青岛、宁波位居前三，分别为 5584.3%、1975.2%、164%；南昌和青岛于 2015 年开通轨道交通，所以在 2016 年迎来了客运量的大幅度增长，体现了轨道交通在城市公共出行上的重要地位以及城市居民对轨道交通的快捷性和方便性的认可。此外，24 个开通轨道交通的大城市中只有哈尔滨和长春 2 个城市客运量增长率小于 5%，一定程度上反映了目前我国东北地区人口流失、城市经济疲软的现状，如图 7-21 所示。

　　从大城市轨道交通日均客运量看，北京、上海、广州 3 个城市日均客运量超过 500 万人次/d，其中北京为 1002.56 万人次/d 居首，上海为 931.8

万人次/d 次之，广州为 704.44 万人次/d 位居第三；哈尔滨、青岛、南宁、福州、合肥 4 个城市日均客运量均不足 20 万人次/d，分别为 18.77 万人次/d、3.07 万人次/d、0.49 万人次/d、0.19 万人次/d，如图 7-22 所示。

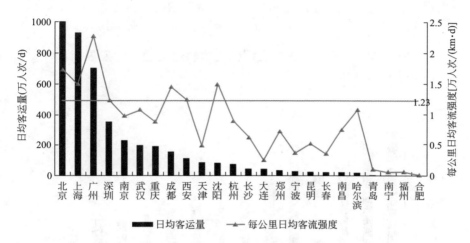

图 7-22　2016 年 36 个大城市轨道交通日均客运量

注：数据来源于《中国城市客运发展报告》。

从大城市日均客运量相对值分析，即按照每千米轨道交通日均客运量分析，24 个城市平均值为 1.23 万人次/(km·d)，高于该平均值的城市有 7 个，分别为广州 [2.28 万人次/(km·d)]、北京 [1.75 万人次/(km·d)]、上海 1.51 [万人次/(km·d)]、沈阳 1.51 [万人次/(km·d)]、成都 [1.46 万人次/(km·d)]、西安 [1.27 万人次/(km·d)]、深圳 [1.25 万人次/(km·d)]；低于平均值的城市有 17 个，其中青岛为 0.09 万人次/(km·d)，为广州的 3.95%，南宁和福州为 0.05 万人次/(km·d)，为广州的 2.2%，合肥为 0.01 万人次/(km·d)，仅为广州的 0.4%。数据表明，广州、西安、深圳、北京等城市轨道交通客流量大，同时，青岛、南宁、福州和合肥等城市轨道交通客流量较小（其中南宁、福州和合肥可能与刚开通城市轨道交通有关），发展轨道交通不宜操之过急，应与经济发展、城市交通需求相匹配，同时在轨道交通服务水平上下功夫，以便充分发挥轨道交通运量大的特点。

从国际城市对比来看，全球有 15 个城市轨道交通年客运量超过了 10 亿人次，其中我国有 5 个，北京居全球城市首位，年客运量为 36.59 亿人次，上海、广州、香港、深圳分别位居全球第二位、第五位、第七位和第十三位，如图 7-23 所示。数据表明，我国轨道交通虽然发展时间相对较晚，但发展较为迅速。

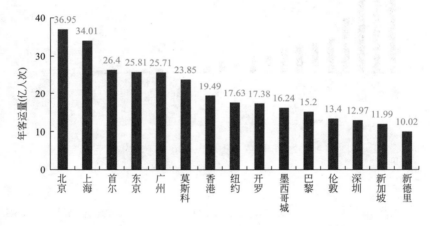

图 7-23 城市轨道交通年客运量超过 10 亿人次的城市
注：数据来源于中国轨道交通协会、维基百科。

7.4 城市出租

7.4.1 出租车数量增长放缓

据《中国城市客运发展报告（2016）》数据统计，截至 2016 年年底，我国 36 个大城市共有出租汽车运营车辆 49.8 万辆，比 2015 年增长 0.46%，占全国出租车数量的 35.47%，如图 7-24 所示。数据表明，2012～2016 年出租车年增长率逐渐降低，目前大城市出租车数量已逐渐呈现平稳趋势，这与大城市公共交通系统不断完善和网约车新业态对传统出租车行业的冲击有关。

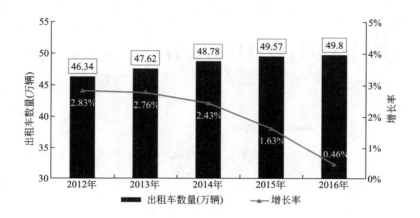

图 7-24　2012~2016 年 36 个大城市出租车数量
注：数据来源于《中国城市客运发展报告》。

从城市出租车数量看，2016 年出租汽车运营车辆数量排在前 5 位的大城市依次为北京、上海、天津、广州、重庆，这 5 个城市的出租车数量均超过 2 万辆。具体数量分别为 68484 辆、47271 辆、31940 辆、22101 辆、21100 辆，如图 7-25 所示。但银川、宁波、海口、拉萨 4 个城市出租车保有量均不足 5000 辆，城市之间出租车保有量差距较大，这与城市社会经济发展、人口规模、交通出行需求等因素有较大关系。

我国《城市道路交通规划设计规范》GB50220—1995 规定，城市出租车规划保有量根据实际情况确定，大城市每千人不宜少于 2 辆。按照该规范规定，以城市出租车数量和城市常住人口数量计算，2016 年，我国 36 个大城市中仅有 10 个城市千人出租车拥有量达到规范要求，分别为乌鲁木齐、北京、兰州、拉萨、长春、西宁、银川、沈阳、呼和浩特、天津，相比 2015 年减少了上海市，其中乌鲁木齐为 3.50 辆/千人、北京为 3.15 辆/

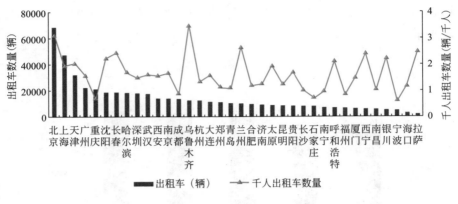

图 7-25　2016 年 36 个大城市出租车数量

注：数据来源于《中国城市客运发展报告》。

千人、兰州为 2.65 辆/千人。南宁、成都、福州、石家庄、重庆、宁波 6 个城市千人出租车拥有量小于 1 辆/千人，相比 2015 年增加了成都市。

　　近年来，随着"互联网+"新经济形态的快速发展，互联信息技术在出租车行业已得到了普遍应用，网约车行业由原先的抢占市场竞争发展到相对稳定成熟的阶段，一定程度上方便了城市社会公众的出行打车需求。2016 年 7 月 26 日，国务院办公厅印发了《国务院办公厅关于深化改革推进出租汽车行业健康发展的指导意见》，7 月 27 日，交通运输部会同工业和信息化部、公安部等 7 个部门联合发布《网络预约出租汽车经营服务管理暂行办法》，并于 2016 年 11 月 1 日起正式实施。两个文件的正式发布，对推进出租汽车行业治理体系和治理能力现代化具有重要意义，同时各地政府和交通管理部门也在积极推进政策落地，做了大量工作，并取得了阶段性成果。

7.4.2　出租车燃料类型

　　按车辆燃料类型分，出租车运营车辆主要分为汽油车、乙醇汽油车、柴油车、液化石油气（LPG）车、压缩天然气（CNG）车、双燃料车和纯电动车。所谓双燃料车，是指具有两套燃料供给系统的车辆，一套供给天然气或液化石油气，另一套供给其他燃料，两套燃料供给系统按预定的配比向燃烧室供给燃料，是一款相对更加环保的车型。

2016 年，我国 36 个大城市出租车中，汽油车为 19.93 万辆，占出租车总量的 40.02%；双燃料车为 20.70 万辆，占出租车总量的 41.56%，超过了汽油车保有量。乙醇汽油车占比为 5.56%，液化石油气车占比为 1.35%，天然气车占比为 5.11%，柴油车占比为 2.57%，纯电动车占比为 3.15%，其他占比 0.68%，如图 7-26 所示。

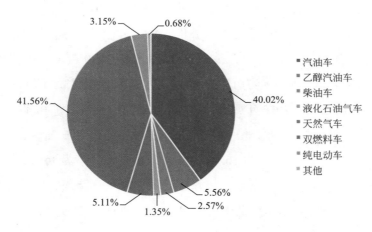

图 7-26　2016 年 36 个大城市出租车燃料类型

注：数据来源于《中国城市客运发展报告》。

2016 年，我国 36 个大城市中有 8 个城市以汽油出租车为主（汽油车数量占出租汽车总数的比例超过 50%），分别为北京、上海、深圳、天津、杭州、南宁、贵阳、昆明；有 22 个城市以双燃料出租车为主（双燃料车数量占出租汽车总数的比例超过 50%），分别为广州、重庆、武汉、沈阳、南京、合肥、济南、郑州、长沙、南宁、成都、西安、石家庄、宁波、大连、青岛、厦门、呼和浩特、福州、海口、西宁、银川；有 2 个城市以压缩天然气出租车为主（压缩天然气车数量占出租汽车总数的比例超过

50%），分别为兰州、乌鲁木齐；有 17 个城市开始使用纯电动出租汽车，分别为太原、深圳、北京、武汉、南京、厦门、杭州、合肥、西安、海口、广州、大连、昆明、银川、拉萨、上海。其中太原市的纯电动车占出租汽车比例超过 50%，出租车能源消耗将更加趋向于环保。

7.4.3 出租车平均年运营里程呈微幅下降态势

2012~2016 年，我国 36 个大城市出租车平均年运营里程从 13.5 万 km/车下降到 11.45 万 km/车，下降了 15.2%。2016 年，我国 36 个大城市出租车平均年运营里程为 11.45 万 km/车，有 20 个城市超过上述平均值。

从城市出租车平均年运营里程分析，2016 年，我国 36 个大城市出租车平均年运营里程为 11.45 万 km/车，2015 年为 12.9 万 km/车，2014 年为 13.2 万 km/车，2013 年为 13.3 万 km/车，2012 年为 13.5 万 km/车，呈逐年微幅下降态势。2016 年，有 20 个城市每辆出租汽车平均年运营里程超过 36 个大城市的平均水平，其中拉萨市每辆出租汽车平均年运营里程最高，为 19.77 万 km，重庆为 16.02 万 km/车次之，海口为 15.18 万 km/车位居第三。太原、贵阳、南宁、杭州、昆明、南京、济南、郑州、北京 9 个城市平均每车年运营里程低于 10 万 km/车，如图 7-27 所示。

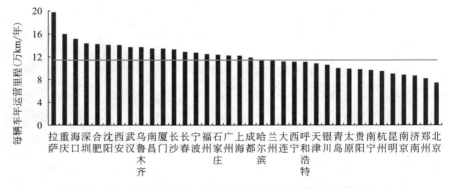

图 7-27　2016 年 36 个大城市平均每辆出租车年运营里程

注：数据来源于《中国城市客运发展报告》。

第8章 城市交通管理政策及措施

改革开放以来，我国经历了世界历史上规模最大、速度最快的城镇化进程，城市规模急剧扩张，人口快速增加，小汽车保有量呈爆发式增长，交通拥堵、出行难、停车难等城市病日益凸显。

中央高度重视城市工作。2015年12月，召开了中央城市工作会议。习近平总书记在视察北京和参加全国"两会"上海代表团审议时作出重要指示，对城市管理工作提出了新思路新要求，注重城市精细化管理，必须适应城市发展。2016年11月，中共中央政治局委员、中央政法委书记孟建柱，国务委员、公安部部长郭声琨作出重要批示，要求交通管理工作坚持公路安全和城市畅通并重，不断推进道路交通治理能力现代化。公安部认真贯彻中央领导重要批示，在上海召开全国公安交通管理工作会议，进行专题部署。面对新形势、新情况、新要求，全国公安交管部门勇于担当，主动作为，不断创新，结合实际，积极探索，创造积累了一批城市道路交通现代治理经验。

城市交通管理是社会治理的重要组成部分，是一项系统工程，必须坚持专项治理与系统治理、综合治理、依法治理、源头治理有机结合，必须坚持政府主导、部门协同、社会共治、人民参与，健全城市交通管理体系，完善城市交通规划，优化城市交通结构，立法破解难题，不断推动城市交通管理从"末端管理"向"前端治理"转变。

8.1 《中共中央 国务院关于进一步加强城市规划建设管理工作的若干意见》

城市是经济社会发展和人民生产生活的重要载体，是现代文明的标志。新中国成立特别是改革开放以来，我国城市规划建设管理工作成就显著，城市规划法律法规和实施机制基本形成，基础设施明显改善，公共服务和管理水平持续提升，在促进经济社会发展、优化城乡布局、完善城市功能、增进民生福祉等方面发挥了重要作用。同时务必清醒地看到，城市规划建设管理中还存在一些突出问题：城市规划前瞻性、严肃性、强制性和公开性不够，城市建筑贪大、媚洋、求怪等乱象丛生，特色缺失，文化传承堪忧；城市建设盲目追求规模扩张，节约集约程度不高；依法治理城市力度不够，违法建设、大拆大建问题突出，公共产品和服务供给不足，环境污染、交通拥堵等"城市病"蔓延加重。

积极适应和引领经济发展新常态，把城市规划好、建设好、管理好，对促进以人为核心的新型城镇化发展，建设美丽中国，实现"两个一百年"奋斗目标和中华民族伟大复兴的中国梦具有重要现实意义和深远历史意义。为进一步加强和改进城市规划建设管理工作，解决制约城市科学发展的突出矛盾和深层次问题，开创城市现代化建设新局面，提出该意见。

1. 总体要求

总体目标。实现城市有序建设、适度开发、高效运行，努力打造和谐宜居、富有活力、各具特色的现代化城市，让人民生活更美好。

基本原则。坚持依法治理与文明共建相结合，坚持规划先行与建管并重相结合，坚持改革创新与传承保护相结合，坚持统筹布局与分类指导相结合，坚持完善功能与宜居宜业相结合，坚持集约高效与安全便利相结合。

2. 强化城市规划工作

依法制定城市规划。城市规划在城市发展中起着战略引领和刚性控制的重要作用。依法加强规划编制和审批管理，严格执行城乡规划法规定的原则和程序，认真落实城市总体规划由本级政府编制、社会公众参与、同级人大常委会审议、上级政府审批的有关规定。创新规划理念，改进规划方法，把以人为本、尊重自然、传承历史、绿色低碳等理念融入城市规划全过程，增强规划的前瞻性、严肃性和连续性，实现一张蓝图干到底。坚持协调发展理念，从区域、城乡整体协调的高度确定城市定位、谋划城市发展。加强空间开发管制，划定城市开发边界，根据资源禀赋和环境承载能力，引导调控城市规模，优化城市空间布局和形态功能，确定城市建设约束性指标。按照严控增量、盘活存量、优化结构的思路，逐步调整城市用地结构，把保护基本农田放在优先地位，保证生态用地，合理安排建设用地，推动城市集约发展。改革完善城市规划管理体制，加强城市总体规划和土地利用总体规划的衔接，推进两图合一。在有条件的城市探索城市规划管理和国土资源管理部门合一。

严格依法执行规划。经依法批准的城市规划，是城市建设和管理的依据，必须严格执行。进一步强化规划的强制性，凡是违反规划的行为都要严肃追究责任。城市政府应当定期向同级人大常委会报告城市规划实施情况。城市总体规划的修改，必须经原审批机关同意，并报同级人大常委会审议通过，从制度上防止随意修改规划等现象。控制性详细规划是规划实施的基础，未编制控制性详细规划的区域，不得进行建设。控制性详细规划的编制、实施以及对违规建设的处理结果，都要向社会公开。全面推行城市规划委员会制度。健全国家城乡规划督察员制度，实现规划督察全覆盖。完善社会参与机制，充分发挥专家和公众的力量，加强规划实施的社会监督。建立利用卫星遥感监测等多种手段共同监督规划实施的工作机制。严控各类开发区和城市新区设立，凡不符合城镇体系规划、城市总体规划和土地利用总体规划进行建设的，一律按违法处理。用 5 年左右时间，全面清查并处理建成区违法建设，坚决遏制新增违法建设。

3. 完善城市公共服务

优化街区路网结构。加强街区的规划和建设，分梯级明确新建街区面积，推动发展开放便捷、尺度适宜、配套完善、邻里和谐的生活街区。新建住宅要推广街区制，原则上不再建设封闭住宅小区。已建成的住宅小区和单位大院要逐步打开，实现内部道路公共化，解决交通路网布局问题，促进土地节约利用。树立"窄马路、密路网"的城市道路布局理念，建设快速路、主次干路和支路级配合理的道路网系统。打通各类"断头路"，形成完整路网，提高道路通达性。科学、规范设置道路交通安全设施和交通管理设施，提高道路安全性。到 2020 年，城市建成区平均路网密度提高到 8 公里/平方公里，道路面积率达到 15%。积极采用单行道路方式组织交通。加强自行车道和步行道系统建设，倡导绿色出行。合理配置停车设施，鼓励社会参与，放宽市场准入，逐步缓解停车难问题。

优先发展公共交通。以提高公共交通分担率为突破口，缓解城市交通压力。统筹公共汽车、轻轨、地铁等多种类型公共交通协调发展，到 2020 年，超大、特大城市公共交通分担率达到 40% 以上，大城市达到 30% 以上，中小城市达到 20% 以上。加强城市综合交通枢纽建设，促进不同运输方式和城市内外交通之间的顺畅衔接、便捷换乘。扩大公共交通专用道的覆盖范围。实现中心城区公交站点 500 米内全覆盖。引入市场竞争机制，改革公交公司管理体制，鼓励社会资本参与公共交通设施建设和运营，增强公共交通运力。

4. 创新城市治理方式

推进依法治理城市。适应城市规划建设管理新形势和新要求，加强重点领域法律法规的立改废释，形成覆盖城市规划建设管理全过程的法律法规制度。严格执行城市规划建设管理行政决策法定程序，坚决遏制领导干部随意干预城市规划设计和工程建设的现象。研究推动城乡规划法与刑法衔接，严厉惩处规划建设管理违法行为，强化法律责任追究，提高违法违规成本。

改革城市管理体制。明确中央和省级政府城市管理主管部门，确定管理范围、权力清单和责任主体，理顺各部门职责分工。推进市县两级政府规划建设管理机构改革，推行跨部门综合执法。在设区的市推行市或区一级执法，推动执法重心下移和执法事项属地化管理。加强城市管理执法机构和队伍建设，提高管理、执法和服务水平。

完善城市治理机制。落实市、区、街道、社区的管理服务责任，健全城市基层治理机制。进一步强化街道、社区党组织的领导核心作用，以社区服务型党组织建设带动社区居民自治组织、社区社会组织建设。增强社区服务功能，实现政府治理和社会调节、居民自治良性互动。加强信息公开，推进城市治理阳光运行，开展世界城市日、世界住房日等主题宣传活动。

推进城市智慧管理。加强城市管理和服务体系智能化建设，促进大数据、物联网、云计算等现代信息技术与城市管理服务融合，提升城市治理和服务水平。加强市政设施运行管理、交通管理、环境管理、应急管理等城市管理数字化平台建设和功能整合，建设综合性城市管理数据库。推进城市宽带信息基础设施建设，强化网络安全保障。积极发展民生服务智慧应用。到2020年，建成一批特色鲜明的智慧城市。通过智慧城市建设和其他一系列城市规划建设管理措施，不断提高城市运行效率。

8.2　国家发展改革委、交通运输部《推进"互联网+"便捷交通　促进智能交通发展的实施方案》

为深入贯彻落实《国务院关于积极推进"互联网+"行动的指导意见》（国发〔2015〕40号），促进交通与互联网深度融合，推动交通智能化发展，国家发展改革委和交通部印发《推进"互联网+"便捷交通　促进智能交通发展的实施方案》（以下简称《实施方案》）。

　　《实施方案》提出的目标为：实施"互联网+"便捷交通重点示范项目，到2018年基本实现公众通过移动互联终端及时获取交通动态信息，掌上完成导航、票务和支付等客运全程"一站式"服务，提升用户出行体验；基本实现重点城市群内"交通一卡通"互联互通，重点营运车辆（船舶）"一网联控"；线上线下企业加快融合，在全国骨干物流通道率先实现"一单到底"；基本实现交通基础设施、载运工具、运行信息等互联网化，系统运行更加安全高效。目标还包括，立足"十三五"、着眼更长时期的发展需求，逐步形成旅客出行与公务商务、购物消费、休闲娱乐相互渗透的"交通移动空间"；实现各类交通信息充分开放共享，打破信息不对称，精准对接供需、高效配置资源；逐步构建"三系统、两支撑"的智能交通体系，实现先进技术装备自主开发和规模化应用，交通运输服务效率、资源配置效率以及交通治理能力全面提升。

　　《实施方案》提出完善智能运输服务系统、构建智能运行管理系统、健全智能决策支持系统、加强智能交通基础设施支撑、全面强化标准和技术支撑、营造宽松有序发展环境、实施"互联网+"便捷交通重点示范项目等要求，具体内容包括推广北斗卫星导航系统、推动运输企业与互联网企业融合发展、完善交通管理控制系统、大力推动智能交通产业化等。

　　在城市交通管理、智能交通发展方面，一是优化城市交通需求管理，完善集指挥调度、信号控制、交通监控、交通执法、车辆管理、信息发布于一体的城市智能交通管理系统。二是以提升运行效率和保障交通安全为目的，加强交通基础设施网络基本状态、交通工具运行、运输组织调度的信息采集，形成动态感知、全面覆盖、泛在互联的交通运输运行监控体系。加强城市地面交通、轨道交通、枢纽场站等运行状况信息采集能力。三是充分利用新型媒介方式，建设多元化、全方位的综合交通枢纽、城市及进出城交通、城市停车、充电设施等信息引导系统。提高交通动态信息板等可视化智能引导标识布设密度。四是加强智能城市交通管理技术，加强大范围交通流信息采集、交通管理大数据处理、交通组织和管控优化、个性化信息服务等技术研发。进一步提升自主研发交通信号控制系统等在设备精确度、稳定性方面的技术水平，并大规模推广使用。五是推动智能交通产业化，加快建立技术、市场和资本共同引领的智能交通产业发展模式。发挥企业主体作用，鼓励交通运输行业科技创新和新技术应用。推动智能交通基础设施规模化、网络化、平台化和标准化，营造开放的智能交通技术开发应用环境。

8.3　国家发展改革委《加快城市停车场建设近期工作要点与任务分工》

2015 年 8 月，国家发展改革委会同有关部门印发了《关于加强城市停车设施建设的指导意见》（以下简称《指导意见》）。2016 年初，经国务院批准，又印发了《关于印发〈加快城市停车场建设近期工作要点与任务分工〉的通知》（以下简称《任务分工》）。国家发展改革委会同有关部门积极推进，地方各级政府狠抓落实，城市停车场规划建设取得新进展。国家发展改革委作为牵头部门，着力细化落实《指导意见》与《任务分工》相关要求。印发 2016 年停车场建设工作要点，明确提出规划编制、项目推进、配套政策制定、信息化建设等重点工作。

在加强编制停车设施专项规划方面，提出了依据城市总体规划和综合交通体系规划，立足城市交通发展战略，将停车作为交通需求管理的重要手段，适度满足居住区基本停车和从严控制出行停车，统筹城市功能分区的区位特征、用地属性、公共交通发展等状况，合理测算停车需求，明确阶段性适应目标，优化设施布局，制定近期实施方案，建立项目库，并及时公布。同时，将该规划及时纳入城市用地控制性详细规划。

在完善停车管理工作方面，一是完善停车收费政策。充分发挥价格杠杆的作用，逐步缩小政府定价范围，由社会资本与政府共同投资的新建停车设施，遵循市场规律和合理盈利原则协商确定收费标准，政府相关部门依法监管，切实维护公众利益；对于路内停车等纳入政府定价范围的停车场，健全政府定价规则，根据区位、设施条件等推行差别化停车收费。二是建立停车基础数据库，加快对城市停车资源状况摸底调查，建立停车基础数据库，实时更新数据，并对外开放共享。同时，加快高新技术在停车领域应用。促进咪表停车系统、智能停车诱导系统、自动识别车牌系统等高新技术的开发与应用。三是推动停车与互联网融合发展。加强不同停车管理信息系统的互联互通、信息共享，强化对系统平台监督，促进停车与互联网融合发展，支持移动终端互联网停车应用的开发与推广，鼓励出行前进行停车查询、预定车位，实现自动计费支付等功能，提高停车资源利用效率，减少因寻找停车泊位诱发的交通需求。

8.4 全国公安交通管理工作会议

全国公安交通管理工作会议于 2016 年 11 月 8 日至 9 日在上海召开。会议强调，要深入学习贯彻习近平总书记系列重要讲话精神，按照孟建柱同志和郭声琨同志批示要求，落实全国社会治安综合治理创新工作会议和全国公安厅局长座谈会部署，创新理念方法，扩大社会参与，推进依法治理，深化科技应用，坚持安全与畅通并重，全面提升道路交通治理水平，为全面建成小康社会创造良好道路交通环境。上海市委常委、政法委书记姜平在会上致辞，上海市人大常委会副主任吴汉民、上海市政协副主席李逸平出席，上海市副市长、公安局局长白少康介绍了上海市持续推进道路交通违法行为大整治工作情况。

会议回顾了 30 年来道路交通发展历程。1986 年 10 月国务院决定改革道路交通管理体制，由公安机关负责城乡道路交通统一管理，到现在已 30 年。这期间，我国道路交通快速发展，1986 年到 2015 年，全国公路通车里程、机动车和驾驶人数量分别增长了 3.75 倍、33 倍、26 倍，截至目前，全国机动车保有量达 2.8 亿辆，其中汽车为 1.9 亿辆，驾驶人达到 3.5 亿人，我国高速公路通车里程、汽车增速、机动车驾驶人数量均居世界第一。在机动车、驾驶人、公路通车里程以及交通流量持续大幅增长的情况下，道路交通事故死亡人数、重特大事故起数呈现"双下降"态势，尤其是重特大事故下降明显，由 1996 年的 80 起下降到 2015 年的 12 起。这些成绩来之不易，但同时也要看到，目前我国总体处于机动化发展期，这是一个艰难的爬坡期，一点不能松懈，一点不能松劲，尤其要警惕发生重特大道路交通事故的风险、道路交通事故分散多元的风险和道路交通安全形势出现逆转的风险。

会议强调，各级公安机关特别是交管部门要立足防风险、防反弹，始终坚持安全第一、生命至上，充分依靠社会、法治和科技的力量，坚持创新理念、协同共治，坚持法治思维、依法治理，坚持信息引领、科技支撑，采取有效举措，确保道路交通安全形势持续平稳、稳中有降。要健全政府、企业、社会三位一体的治理架构，打造交通安全人人参与、安全交通人人共享的命运共同体。要与相关部门密切配合，针对道路安全隐患突出、车辆安全性能不高、危化品道路运输事故危害严重等问题，强化全环节、全过程监管。要发挥信用体系作用，将驾驶人严重交通违法、责任事故信息纳入个人不良征信记录，进一步落实企业安全生产责任。要用好保险行业协会、企业、农村基层组织等多方面力量，注重问计于民，开创专群结合、群防群治新局面。要运用法治思维和法治方式破解难题、提升执法管控效能，善于通过立法应对新生问题、通过修法解决紧迫问题、通过标准解决基础问题，树立执法权威，加大执法力度，加强行政执法与刑事执法衔接，深化普法宣传教育，引导全民守法、提升素质。要深化科技应用，强化信息互联互通，深度分析挖掘数据应用，实行网上网下结合，狠抓勤务运行机制改革，主动运用先进技术提升车辆安全性能、丰富执法管理手段、提升服务群众水平。

会议指出，目前，随着我国城镇化进程的加快推进，城市规模急剧扩张、城市人口快速增加、小汽车爆发式增长，城市交通拥堵成为常态，面对城市发展新形势、城市工作新要求、人民群众新期待，必须与时俱进、统筹协调，坚持公路安全与城市畅通并重，努力创造与全面建成小康社会相适应的道路交通环境。公安机关要立足自身职责，当好政府参谋，深入贯彻落实中央城市工作会议精神，着力打造有序、畅通、安全、文明的城市交通环境，缓解城市交通拥堵。要狠抓秩序管理，以良好秩序保障交通畅通。要学习工匠精神，以精细管理挖掘巨大潜力，不断优化交通设施、交通组织和城市路网，推进城市交通管理的信息化、智能化、精细化。要加强统筹协调，以系统思维推动供需平衡，推动科学制定城市发展规划、构建城市综合交通体系和重视解决城市停车问题。

会议强调，各地要建设一支适应时代要求的过硬交警队伍，加强正规化、专业化、职业化建设，制定细化执法标准和操作规程，深入推进执法规范化建设。要继续深化公安交管改革，坚定不移抓好改革措施的落实，确保群众有实实在在的获得感。12 月 1 日，公安部将在上海、南京、无锡、济南、深圳 5 个城市试点发放新能源汽车号牌，同步试点统一的号牌选号系统，2017 年适时推出机动车跨省异地检验等改革措施。各地要结合本地实际，不断推出新的便民惠民措施。

8.5 《住房城乡建设部、国土资源部关于进一步完善城市停车场规划建设及用地政策的通知》

住房和城乡建设部、国土资源部联合印发《关于进一步完善城市停车场规划建设和用地政策的通知》（以下简称《通知》），提出合理配置停车设施，提高空间利用效率，促进土地节约集约利用；充分挖潜利用地上地下空间，推进建设用地的多功能立体开发和复合利用；鼓励社会资本参与，加快城市停车场建设，逐步缓解停车难问题。

《通知》要求，强化城市停车设施专项规划调控。城市要依据土地利用总体规划、城市总体规划和城市综合交通体系规划，编制停车设施专项规划。要分层规划停车设施，充分结合城市地下空间规划，利用地下空间分层规划停车设施，在城市道路、广场、学校操场、公园绿地以及公交场站、垃圾站等公共设施地下布局公共停车场，以促进城市建设用地复合利用。

在规范用地管理方面，《通知》明确，停车场用地以出让方式供应的，年限最高不超过 50 年；工业、商住用地中配建的停车场，用地出让最高期限不得超过 50 年；以租赁方式供应的，租赁年限在合同中约定，最长不得超过同类用途土地出让最高年期。

为促进土地节约集约利用，《通知》从分层建设、规范供地、盘活存量用地等方面给出了具体规定。单独新建公共停车场用地，规划性质为社会停车场用地；利用地下空间分层规划停车设施，地块用地规划性质为相应地块性质兼容社会停车场用地。以出让等有偿方式供地的，可按地表出让建设用地使用权价格的一定比例确定出让底价。停车场用地供应应当纳入国有建设用地供应计划；闲置土地依法处置后由政府收回、规划用途符合要求的，可优先安排用于停车场用地，一并纳入国有建设用地供应计划；鼓励增建公共停车场，鼓励盘活存量用地用于停车场建设。

为解决停车场建设吸引社会资本难的问题，《通知》从多个方面给出了具体政策。鼓励停车产业化，在不改变用地性质、不减少停车泊位的前提下允许配建不超过 20% 的附属商业面积。鼓励超配建停车场，新建建筑超过停车配建标准建设停车场，以及随新建项目同步建设并向社会开放的公共停车场，可给予一定的容积率奖励；对超过停车配建标准建设地下公共停车场，超配部分可不计收土地价款。《通知》同时明确，简化停车场建设规划审批，停车场权利人可以依法向停车场所在地的不动产登记机构申请办理不动产登记手续。

在给予停车场建设相关政策支持的同时，《通知》也强调要加强停车场规划建设和用地监管，对停车场土地供后管理、建成后的经营管理、加强行业管理等方面提出了具体要求。《通知》同时强调，各地应因地制宜，不搞"一刀切"，具体细化政策由城市政府根据实际情况研究确定。

8.6　交通运输部《城市公共交通"十三五"发展纲要》

交通运输部印发的《城市公共交通"十三五"发展纲要》（以下简称《纲要》），是"十三五"期推进城市公共交通优先发展的指导性文件。《纲要》描绘了"十三五"期我国城市公共交通发展的愿景，即全面建成适应经济社会发展和公众出行需要、与我国城市功能和城市形象相匹配的现代化城市公共交通体系，主要体现在群众出行满意、行业发展可持续两个方面。到 2020 年，初步建成适应全面建成小康社会需求的现代化城市公共交通体系。在具体目标上，《纲要》根据不同人口规模对城市进行分类，按照"数据可采集、同类可比较、群众可感知"的原则，分别提出了"十三五"期各类城市的公交发展指标。

《纲要》提出了"十三五"期我国城市公共交通发展的五大任务：

一是全面推进"公交都市"建设。建立城市公交引导城市发展新机制，总结推广"公交都市"建设工作经验，丰富"公交都市"内涵。"十三五"期，交通运输部将在地市级以上城市全面推进"公交都市"建设专项行动，并对各"公交都市"建设城市内符合条件的综合客运枢纽建设给予支持。大力推进新能源城市公交车的推广应用。

二是深化城市公交行业体制机制改革。推进城市公交管理体制改革和城市公交企业改革，建立政府购买城市公交服务机制、票制票价制定和调节机制，健全公共交通用地综合开发政策落实机制。

三是全面提升城市公交服务品质。扩大公交服务广度和深度，完善多元化公交服务网络，提升公交出行快捷性、便利性、舒适性和安全性。

四是建设与移动互联网深度融合的智能公交系统。到 2020 年，城区常住人口 100 万以上城市全面建成城市公共交通运营调度管理系统、安全监控系统、应急处置系统。推进"互联网+城市公交"发展，推进多元化公交服务网络建设。

五是缓解城市交通拥堵。通过合理选择交通疏导、改善慢行交通出行环境、加强城市静态交通管理、落实城市建设项目交通影响评价制度等多项举措，引导城市建立差异化交通拥堵治理措施。

8.7　部分城市交通管理工作亮点集萃

8.7.1　执法管理创新

路面执法是公安交警的主业，近年来，各地公安交通管理部门以道路交通违法行为整治为切入点，充分运用法治、社会、科技的力量，不断创新执法管理手段，提升管理能力和水平。

8.7.1.1　依法严管突出违法

1. 交通违法治理创新

上海交警针对机动车乱停车、乱鸣号、乱变道等 10 类突出交通违法行为，坚持专项治理与依法治理相结合，全警动员，落实"从严管理、从严执法"的理念，全力推进道路交通违法行为大整治，取得明显成效，并总结固化经验、形成机制。一是依法严管突出违法行为。上海交警在市区 79 条主干道和 160 条严管路段路缘漆划"黄线"，严禁车辆临时停靠或停放在"黄线道路"。执勤交警发现机动车在"黄线道路"违法停车的，依法处以 200 元罚款并记 3 分，发现"人不在车内"的违停车辆，立即上报分局交通指挥台，依法拖移至交通管理部门指定地点。大整治行动以来，全市共查处违法停车 743 万起，其中处理"黄线道路"违停 61.2 万余起，违停类"110 报警总数"同比下降 21.6%，此外，还查获乱变道违法行为 299 万起。二是创新执法取证方式。上海交警拓宽非现场执法取证渠道，创新使用公务车行车记录仪查处交通违法行为，并制定了取证指导意见，规范了设备标准、证据规格。坚持"发现一起、记录一起、严查一起"。三是完善法制保障。上海交警坚持立法与实践相结合，坚持问题导向，积极推进修订《上海市道路交通管理条例》，通过法治方式治理交通顽疾，固化大整治成果，加大严重交通违法行为处罚力度，完善交通违法行为处理程序，为常态长效管理、严格执法提供法制支撑。

2. 逾期不接受处罚行为失信惩戒

郑州交警针对部分交通违法行为人不按时接受处罚现象普遍的问题，在现行法律框架内，联合司法机关，建立强制执行机制和联合失信惩戒机制，有效破解这一难题。针对当事人逾期未缴款的行为，经催告后仍未履行义务的，郑州交警依法申请法院强制执行。法院针对拒不履行、严重影响司法和行政机关公信力的"老赖"，实施联合失信惩戒，如禁止乘坐飞机、列车软卧；限制在金融机构贷款或办理信用卡。此外，在招标投标、行政审批、融资信贷等多方面进行限制。该项措施实施2个月，郑州交警通知违法行为人3万余人次，申请立案强制执行75人，裁定履行35人，维护了法律的权威。

8.7.1.2 科技提升执法效能

机动车违法鸣号、行人非机动车闯红灯、机动车滥用远光灯等交通违法行为动态性、瞬间性特点突出，查处取证难。

1. 查处违法鸣号

上海交警在市区部分路段试点安装"违法鸣号现场查处辅助系统"，对一定区域内机动车违法鸣号行为进行实时采集，在抓拍路段配套安装了LED电子警示屏，实时发布违法车辆号牌，民警还可通过手机APP现场实时调阅相关违法图片。福州也应用了机动车乱鸣号自动抓拍系统，违法行为人对处罚有异议的，可对喇叭声进行声纹比对，与民警现场执法形成有效互补。

2. 查处行人非机动车闯红灯

福州交警在主要路口安装了行人、非机动车闯红灯自动抓拍系统，通过视频监控和检测，结合人脸识别技术，与公安大数据平台比对，确认交通违法行为人，经审核后予以处罚。南昌交警利用视频识别技术动态跟踪电动自行车，及时抓拍闯红灯违法行为并跟进处理，有效规范了电动自行车路口通行秩序。自实施以来，试点路口电动自行车闯红灯违法行为降幅40%，事故下降35.62%。

3. 查处滥用远光灯

福州交警在 10 个路口安装了机动车滥用远光灯自动抓拍系统，采用灯光识别等技术，精确记录违法车辆，形成违法过程照片，实现自动识别、自动抓拍、自动上传。

4. 查处机动车"抢行斑马线"

海口交警积极探索科技手段，利用电子警察对机动车"抢行斑马线"违法行为进行全过程记录和抓拍，并形成认定违法的非现场执法依据。对于行人已进入人行横道，机动车未停车避让；行人与机动车同时通行，可能引发冲突的；机动车行驶的车道，与行人走的车道相邻的等三种行为可认定为违法。在启用电子警察严管机动车"抢行斑马线"的同时，海口交警还通过媒体全民宣传动员，形成了文明出行的良好氛围。

5. 动态查缉重点车辆违法

广州交警针对假牌套牌、逾期未年检、逾期未报废等违法行为发现难、查处难的问题，创新研发重点车辆实时识别系统，用于违法车辆缉查、大型活动安保等执法管理工作。该系统安装在警车、手持移动设备上，可与后台数据库进行毫秒级比对，实现"本地即时比对、现场即时查处"，大幅延伸管控范围。实施以来，逾期未年检、未报废等违法行为得到有效遏制，车辆日均年检量提升 6%。在各类大型活动管理中，基于该系统，建立通行证车辆"白名单库"，实行实物通行证、电子通行证"双认证"，提升了管控准确性和效率。同时，在路线警卫中即时比对，实时排除涉恐嫌疑车辆。

8.7.2　交通顽疾治理

当前城市中电动自行车、机动三轮车、工程运输车等重点车辆无序发展，违法突出，学校、医院等交通节点拥堵严重，各地公安交通管理部门坚持协同共治理念，加强源头管理和部门协作，加强执法管理和宣传教育，打出治理交通顽疾的"组合拳"。

8.7.2.1　重点车辆管理

1. 电动自行车综合治理

针对电动自行车交通违法突出、事故频发、超标车泛滥的现象，南宁交警坚持综合治理，实现电动自行车交通管理的新突破。

一是先纳入、后规范。为解决历史存量问题，南宁交警创新推出电话、手机 APP 和现场预约等方式，方便群众上牌，推动完成了 190 万辆电动自行车的免费注册登记工作，并鼓励车主购买保险。二是教育与处罚并重。南宁交警创造性推出"以学促管"、"学罚结合"的管理新模式。组织车主参加交规学习和测试，宣传道路交通安全常识。在市区主要路口设置若干"学习点"，采取多种方式组织违法行为人参加交通安全学习，基本做到平均每位车主和驾驶人参加一次以上学习。三是创新通行管理模式。实行交叉口渠化改善和进出口分离设计，合理设置电动自行车专用进口道，创新"直线+方块"的路口等候模式。推出"蓄水式"信号放行的交通组织方式，施划非机动车待行区，采用非机动车先放行、机动车迟启动的信号配时方案进行控制，早、晚高峰通行能力提高了 6.5% 左右。四是突出问题，重点整治。持续开展电动自行车交通秩序大整治，严查电动自行车 10 类重点违法行为，创建电动自行车交通秩序管理示范路，让电动自行车交通违法无处遁形。截至 2016 年，南宁电动自行车交通事故死亡人数和"两抢"接报警情分别下降 61% 和 50%。

海口交警通过实施"五化"管理（登记管理法治化、通行保障精细化、宣传倡导特色化、教育理念个性化、协同治理社会化），打造电动自行车规范管理模式。在全国省会城市率先颁布施行管理办法（《海口市电动自行车管理办法》），界定电动自行车技术参数，推动全市 90% 以上的电动自行车注册登记纳入管理，并完成 31 万辆超标车退市工作。通过公安、城管联合执法、媒体曝光、定期抄告等措施，严管电动自行车。成立志愿服务组织，以社会化的方式加强电动自行车的规范管理。

2. 机动三轮车分类管理

面对机动三轮车非法营运、失控漏管、违法现象日趋严重的现状，包头交警开展分类管理，一是实施"过渡期管理"。实施了邮政行业、快递行业限期淘汰管理制度，设定了 10 个月的淘汰期，保障平稳过渡。二是实施"编号登记管理"。按照属地管理原则，各旗县区对残疾人使用的三轮车进行备案登记，制发具有区域特征、数码特征的代步车编号标识，与代步车驾驶人签订《守法安全行驶承诺书》，实现统一管理。三是实施"颜色管理"。将邮政行业、快递行业、残疾人代步车辆分别喷涂成绿、蓝、黄三种醒目外观，并明确了不同的行驶区域和管理办法，进行规范分类管理。

3. 机动三轮车综合整治

呼和浩特由市政府牵头，成立工作专班负责整治机动三轮车，并下发《关于对部分车辆市区通行管理的通告》，告知市区禁行范围。同时，交警支队发布限行管理通告及相关整治规定（《严格执行三轮车整治的相关程序规定》），对违法上路行驶的机动三轮车依法扣留。在严格整治的同时，预留 1000 个车辆牌照号段，为新配置符合标准要求的物流快递专用车发放牌照，实施分类管理。整治行动以来，共查扣违法机动三轮车 5300 多辆，因机动三轮车导致的交通事故死亡人数下降 70%。

4. 工程运输车"三化"整治

工程运输车严重超载、超速、闯红灯、闯禁行、涉牌涉证违法等顽疾，成为城市管理的"老大难"。湖州交警提请政府加强工程运输车源头管理，实现公司化、本地化、专业化的"三化六统一"：统一公司化管理模式，取消个人营运；统一栏板高度，安装原厂环保盖；统一本地号牌，实施专段管理；统一安全措施，安装定位、语音提示等装置；统一排放标准要求；统一车辆投保额度。"三化六统一"改革共计投入资金 2.5 亿元，彻底解决了原有管理中散兵游勇、技术指标不规范、赔偿机制不完善等突出问题。

5. 工程运输车综合治理

重庆交警策动由安监、建设、市政分别牵头，建立工程运输车安全事故倒查、源头企业警示约谈、GPS 动态监管等机制，细化落实相关职能部门联合监管职责。同时将其交通违法、交通事故和记分情况纳入"两证"（通行证和建筑垃圾处置许可证）办理，与通行权限、运输许可挂钩。以公安部缉查布控系统平台为基础，自主开发"猎鹰"和"刀锋"系统，完善大型建设工地出入口监控设施，实现了对工程运输车突出违法全天候、全覆盖管控。2016 年，重庆主城区工程运输车交通事故起数、死亡、受伤人数、直接经济损失分别同比下降 30.5%、75%、34.6%、44.7%，且未发生工程运输车造成 3 人及以上死亡的较大道路交通事故。

8.7.2.2 重点区域整治

校园周边交通问题一直是城市道路交通管理的难点，厦门交警凝聚交警、学校、家长共识，联合成立三方护学宣导队，开展交通安全宣导。将校园周边道路划分为禁停路、准停路及限停路三类：实行 30 秒、1 分钟、5 分钟不等的限时停车管理措施，在严管的同时，满足合理的接送停车需求。柳州交警设置了具有全物理隔离的"护学通道"，划定学生专用等候区，既解决了学生上放学的安全问题，又规范了校园周边道路的交通秩序。太原交警利用校方学生电子档案，建立"学生接送车辆信息库"。将交警制定的临时停车方案，点对点推送给学生家长，方便他们在指定区域和规定时段内有序停车。

8.7.2.3 突出违法行为整治

银川交警创新技战法，大力整治摩托车"飙车"违法犯罪行为。加强情报研判，实施精准打击。为防止摩托车闯卡引发意外，采取压缩车道的方法，挤压查控车辆的活动空间。在机非分离的路段路口处设置可移动反光隔离护栏，切断摩托车驾驶人躲避检查的路线，提高了查缉成功率。拉萨交警建立酒驾常态治理机制，各大队结合本辖区酒驾发生规律和事故特点，加强重点路段、路口、时段管控，高频率开展专项行动，并通过媒体实名曝光酒驾、醉驾行为人，提高震慑力。

8.7.3　停车科学管理

当前城市停车供需矛盾日益突出，停车难问题愈发严重，各地公安交通管理部门立足本职，积极推动政府加强停车管理设施建设，并推动社会共治，创新工作机制、优化资源配置、加强信息服务、严格执法管理，取得了积极成效。

8.7.3.1　停车综合治理

针对 260 万辆机动车和不足 80 万个车位的停车供需矛盾，西安交警主动推动政府及相关部门开展停车综合治理工作。

一是盘活重点区域停车泊位资源。在医院及周边，合理规划建设停车泊位，医院将内部停车泊位腾出给患者使用，协调周边小区停放医务人员车辆，并实行就医车辆 30 分钟内免费停车，提高停车泊位使用效率。儿童医院、附二院、四医大分别腾挪 240 个、470 个、1020 个车位给患者。在居住区，采用时空置换方法，充分利用周边商业配建停车场和单位内部停车场夜间空置泊位，以优惠价格出租给小区居民，解决了周边小区夜间停车难的问题。在旅游区，将周边闲置土地开辟为临时停车场，节假日客流高峰外围设置游客临时停车位，使用接驳车免费接送游客。二是实行差异化收费。实行路内停车分区域差异化收费，市区一环内每小时收费 4 元，一环外二环内每小时收费 3 元，二环以外区域每小时收费 2 元，特定区每小时收费 6 元，配套设置停车位标志，公示收费价格，有效疏解了中心城区停车压力。三是规范停车秩序。制定《西安市占道停车泊位设置规范》，做到车位设置的标志、标线、编号、监管"四统一"，重要道路设置禁停标志标线。从严执法，设置抓拍系统，坚持违停拖移，2016 年共查处违停 238 万起。四是提供便民服务。在 53 处临街公厕就近规划设置便民免费停车位，被媒体和网络评为"2017 年西安市十件便民好事"之一。

8.7.3.2 完善停车管理机制

南京交警推动市政府下发《关于加强街巷车辆停放管理和执法的通知》，实施"联动执法、联合共治"策略，明确由公安交通管理部门负责主次干道、城管部门负责支路街巷的停车秩序治理，将路内泊位全部移交城管部门管理，形成综合执法管理格局。目前城管部门年均查处街巷违停82万起，占现场查处量的40%。

沈阳交警推动政府下发《沈阳市机动车停车场管理办法》，明确部门职责，将停车设施建设管理纳入政府绩效考核，定期召开联席会议、调度会议，组织开展联动执法，形成了各部门齐抓共管的工作局面。交警主要负责主次干路、分局和派出所负责支路和小街小巷停车管理，并将停车管理纳入派出所绩效考核，推动各单位履职尽责。

8.7.3.3 优化停车资源配置

北京交警针对居住小区停车难问题，突出属地政府责任，因情施策、统筹推进，疏通交通微循环。北京团结湖中路北小区是一个建于20世纪80年代的居住型老旧小区，有常住居民7600余人，停车问题异常突出，居民反映强烈。经过多方论证，采用"院内微循环、院外单循环"模式，在社区内部合理设置交通流线、交通标志标线，安插路侧U形桩，防止车辆骑路停放，安装凸面镜和减速带，增设人行道护栏，让机动车和非机动车各行其道。在社区周边实行单向循环，出入口改为一进一出，消除多口进出造成的交通冲突点；团结湖中路、南路和水碓子东路实行单行单停，新增了200余个路侧停车位；安装视频监控，规范停车秩序。

8.7.3.4 加快智慧停车平台建设

武汉交警自2016年以来启动建设全市一体化停车智能管理平台，统一标准开放接口，采集全市停车场泊位信息。平台具备"停车场空余位展示、实时进出车辆展示查询、基础信息管理以及停车数据研判分析"四大功能。平台将停车泊位在线数据推送至互联网公司、微信、APP和路面停车诱导牌，首次形成"互联网+静态交通"组合，市民可以实时掌握目的地停车场剩余车位信息。对辖区重点区域，进行全天候不间断自动抓拍，实时推送至现场 LED 屏，提示违停车辆尽快驶离。

沈阳交警打造现代化停车管理信息平台。通过社会化运作模式，在停车场安装信息采集设备，对停车场基础信息、实时泊位、车辆号牌等信息进行实时采集。实现对全市停车资源智能分析、远程监管、嫌疑车辆自动比对报警等功能，并且通过手机 APP，实现停车场信息查询等智能化便民服务。

8.7.3.5　规范路面停车秩序

合肥交警实行拖车清障社会化，各区政府专门拨付拖车经费，对辖区内重点路段违停车辆进行拖移，市区内部分违停突出路段得以有效遏制。长春交警开展道路路障清理行动。针对一些临街商家和企事业单位私自占用公共道路资源、私装地桩地锁等现象，交警部门积极取得政府的大力支持，发布了禁止非法占用公共道路空间的通告，并由城管部门牵头，建委、交通、工商、公安部门配合，向临街商家和企事业单位逐家宣传告知，责令限期自行拆除违法占道物，强力推进集中清理行动，有效规范了道路停车与行车秩序。

8.7.4　交通精细管理

8.7.4.1　精细优化路口组织

1. 精细创新提能增效

济南交警立足本职，创新推行渠化、组织、管控一体化，打造了一系列新型交通组织方式。

一是拓展可变车道应用模式。在设置固定可变车道的基础上，设置交通检测器，根据排队长度自动调整导向车道功能，实现车道功能与流量的自动匹配；创新推出借道左转放行控制方式，利用对向道路增加一条左转导向车道，充分利用相位放行时间差，实行先左转再直行，左转通行量提高了 63%，排队长度缩短了 35%。

二是灵活设置进口车道功能。针对一些复杂路口特别是高架桥下匝道路口排队车辆交织冲突严重的情况，突破传统"左转+直行+右转"布设顺序，因地制宜实施了左转和掉头车道居中、右转车道居中、左右转同车道设置、直行与左转车道互换等方式，规范了行车秩序。

三是车道缩窄渠化扩容。为合理渠化，增加路口进口车道数量，打破常规，将进口车道宽度压缩在 3m 以内，在保证直行车道通行能力的前提下，最大限度增设左右转专用车道，提高路口整体通行能力。

四是精准实施待行控制。在较大路口设置"左转+直行待行区"，为减少二次停车待行现象，转变仅靠信号放行顺序的引导方式，根据精准测算排队首车进入待行区的时间，通过 LED 在相位转换前准确引导车辆进入待行区，确保排队首车行驶到待行区停止线时，恰好绿灯放行，实现车辆无需二次停车、一次通过路口，提高了通行效率。

与此同时，以落实公安部"两化"工作为契机，大力推进交通标志标线、隔离护栏等交通设施的规范提升工程，统一交通语言设置标准，推行政府购买服务方式，实施运维社会化，提升了交通设施的规范化、专业化管理水平。

2. 深化挖潜时空资源

成都交警在以往推行"路口机非时空分离法"的基础上，针对较大路口存在停车线设置远、路口通过时间长的弊端，精耕细作路口交通渠化放行方式，设置"左转+直行待行区"，在相交道路左转放行时，直行车辆驶入待行区，增加直行车道放行能力；为确保路口通行安全，"直行待行区"停车线设置位置与相交道路左转车辆通行轨迹保持 6m 安全间距，同时将"直行待行区"多条车道按梯形布置，最大限度增加直行车辆待行空间；根据信号灯放行顺序，采用 LED 显示屏依次引导车辆进入相应待行区，非机动车左转采取二次过街方式，有效保障了机非有序通行，最大化挖潜了路口时空资源。

3. 打造特色通行方式

西安交警根据路口相对宽阔的特点，精细分析路口左转车辆的通行特征，巧妙设计实施左转单排等候、双排通行的新方式。在左转放行时，单排左转车辆驶入路口后，分流变成两排车流通行，左转通行效率明显提升；专门施划了左转导流线、双排通行车道的路面数字标识，清晰引导了左转车辆通行路径。

4. 优化改造多岔环岛路口

天津交警针对群众反映强烈、路口通行能力低的多岔畸形环岛路口，按照"去除路口环岛、信号协调控制、系统解决问题"的思路，科学解决交通堵点难点。一是拆除路口环岛，合理提前设置停车线，施划标线渠化岛，缩短行人、非机动车过街距离，明确通行路径；二是根据路口多岔相交的特点，采取禁止左转、右转控制等措施，减少交织冲突；三是优化路口信号放行顺序及配时，并与周边上下游路口进行信号联动、绿波控制。经过优化改善后，通行效率明显提升，事故大幅下降。

8.7.4.2　科学实施循环交通

1. 全域循环交通优化

宜宾交警面对"三江六岸"天然形成的城市狭窄路网格局，全力争取政府支持和群众理解，大胆创新，分步推行单点治堵、微循环治堵、区域治堵措施，最终形成了"依托主干道形成全域循环交通、利用次干道形成片区单向交通、利用支路形成微循环交通"的高效缓堵新模式，高峰期主干道平均时速由 8～9km 提升至 25～30km，大幅提高了路网通行能力、车辆行驶速度、交通运行可靠性。

2. 微循环促大畅通

南通交警积极推动老旧住宅小区畅通工程建设：一是与高校、科研院所合作建立研究中心，充分论证设计方案；二是推动区政府实施小区及周边道路拓宽改造，完善硬件条件；三是将小区道路改为单向交通，完善交通标志标线，引导车辆有序循环通行；四是利用单行道和小区空地增设停车泊位，缓解小区停车矛盾；五是建立集宣传引导、巡查管理、智能监控"三位一体"的管理体系，落实长效保障机制。通过老旧小区优化改造，小区拥堵报警量下降45%。

8.7.4.3 规范完善交通设施

1.快速路"三化一提前"

针对城市道路建设基础设施配套不完善，城市快速路和高架桥事故多发等问题，郑州交警积极推动政府和相关部门实施"三化一提前"，健全交通安全设施和指路标志系统：一是强化识别，在出口匝道安装太阳能警示灯和防撞桶，喷涂反光漆；二是深化指引，延伸出口匝道导流线，扩大导流区，利用路面指路文字标识清晰引导；三是细化设置，施划减速振荡线，提醒进入匝道车辆减速慢行；连续安装反光诱导标识，明确指引道路线型走向；四是提前引导，在匝道出口1km、500m和出口处连续设置三级指路标志，提前引导驾驶人安全变道。实施以来，郑州快速路沿线安全状况明显好转，交通事故同比下降50%以上，没有发生一起致人死亡的交通事故。

2.清理完善交通设施

西宁交警针对道路上商业广告等非法标牌严重干扰视线、影响安全的问题，组织开展了拆除非法标牌专项整治，先后多次召开发布会、座谈会，并深入相关单位、企业宣传政策法规，耐心沟通解释，争取主动配合，限期进行整改。并以此为契机，在全市开展了规范交通信息语言行动，深化"两化"工作。

3.完善指路系统

乌鲁木齐交警针对城区指路系统信息连续性差、视认性差等问题，开展了城区交通标志提升改造工程，充分考虑少数民族交通出行视认需求，取消英文名称，设计提高维吾尔语文字体高度，并标准化了维吾尔语翻译要求；用图形、出口编号形象表达、传递指路信息，满足不同语种群体识别需求，真正让群众看得清、看得懂。

8.7.4.4 合理提升道路限速

1.合理提升道路限速

杭州交警积极探索提升道路通行效率的方式方法，在统筹考虑设计速度、管理限速和法律限速的基础上，充分研究论证，广泛征求意见，对全市主次干道实施提速工程。进一步改善道路通行硬件条件，完善主次干道交通安全设施，实施斑马线撤并优化、路口禁左、缺口封闭等交通组织优化，开展整治交通违法专项行动，为实施提速工程提供保障。目前杭州交警已对256条主次干道实施提速，占全市主次干道总量的67%。其中5条桥隧、快速路、主干道限速由60km/h提至80km/h，道路通行效率大幅提升，交通事故明显下降。

2. 系统提速缓堵

成都交警遵循"一路一值、分类提速、兼顾安全"的原则，对城区道路条件好、交通设施完善的道路限速，分批次有序进行优化调整。目前已对全市140多条主干道和进出城主通道进行提速，推动"提速缓堵"。

8.7.5　交通智能管控

随着物联网、互联网、大数据等新技术的发展，各地公安交通管理部门坚持科技强警，创新科技应用，推动交通管理转型升级，不断提升智能化、科学化、信息化管理水平。

8.7.5.1　交通智能监测管控

为加强动态化、信息化条件下的路面管控能力，宁波交警研发了"鹰眼"交通监测系统，构建智能化管控平台，提升路面警务实战效能。

2015年9月下旬，宁波交警发现一批假牌出租车，有团伙交通违法嫌疑。通过对这些车辆近两个月上万条的出行轨迹跟踪和大数据挖掘研判，成功查扣17辆交通违法出租车，拘留团伙涉案人员12名。类似战绩诸多，都得益于以"鹰眼"为基础的智能化管控平台。

运用视频智能分析技术，在路口、路段前端安装高清摄像机，集交通流检测、车辆特征识别、违法抓拍、车牌识别、高清监控等多种功能为一体，实时监测交通运行状况。

在后端中心智能化管控平台，运用视频符号化处理技术，全面记录车型、车牌、车道、位置、信号灯状态等信息，每天采集过车数据超过4500万条。运用大数据处理技术，实现了重点车辆缉查布控、交通运行动态监测预警、拥堵指数研判和疏堵决策支持等实战应用，有力支撑了反恐维稳和执法办案。

目前，"鹰眼"交通监测系统已覆盖全城95%以上的灯控路口、重点路段，警务实战成效显著。系统应用以来，有效抓拍故意借道闯红灯、变线、加塞等重点交通违法180余万起，由此引发的交通事故比2015年下降35%。

8.7.5.2　路网交通流和信号灯调控

1.快速路多车道合流自适应控制

重庆因长江和嘉陵江两江分隔，呈现"一城三片、多中心组团式"特征，组团之间依靠桥隧连接，高峰期间主城区快速路及主干道多车道车辆汇流、交织，易导致长距离排队拥堵。重庆交警主动作为，因地制宜攻坚研究，研发了快速路多车道合流自适应控制系统，有效缓解了节点交通拥堵。以8条车道汇入3条车道的五红路为例，一是分车道设置红绿灯、车道数字编号，实行分车道交替放行，避免了交织冲突和汇入进出车道数不匹配的问题。二是在汇流进出口车道处，分别设置多级交通检测设备，自动监测识别进口排队和出口溢出情况。三是根据上下游车辆排队的监测情况，实时优化信号协调控制方案，自动调整信号灯配时，均衡调配交通流量。目前重庆已在10余处快速路节点推广应用，路网通行效率明显提升，高峰时段平均车速提高25%以上，延时指数从4.5降到2.5以内。

2.互联网+信号优化

广州交警面对信号灯路口点多面广、配时不科学等难题，与互联网企业合作，借力出行大数据，构建了"互联网+信号灯优化平台"，实时监测预警路口放行失衡、拥堵溢出等6大类异常运行状态。通过路网众包精细数据，研判掌握路网交通运行规律；整合历史大数据，准确"画像"不同时段交通运行特征，科学评估，优化信号配时。对常发性拥堵报警，采取

"平台报警+工程师优化"处理方式，比如，平台监测预警到宝岗路口平峰期西进口经常拥堵，工程师细化分时段方案、优化放行时间，平均排队长度减少 200m。对事故等因素引发的偶发性拥堵报警，采取"平台报警+预案疏导"处理方式，如，2017 年 3 月 14 日天河路体育中心亚冠比赛，平台赛前 2h 发出体育西路口运行失衡报警，指挥中心提前启动管制预案，及时派警排堵，将交通影响降至最低。

福州交警以落实公安部"两化"工作为契机，成立信号灯中队，严格进行专业设计审核和现场设置指导。在指挥中心构建了智能管理控制平台，联网管控全城信号灯路口，实现远程调控疏堵、"一键式绿波"、优化调整信号灯配时，全城绿波协调信号路口达 60%以上。健全信号灯社会化维护机制和量化考核制度，实现信号灯故障自动报警，每日定时巡查、定点保障，并利用 PDA 精细管理运维信息，有效保障了工作质量。2016 年福州整体路网通行效率提升约 12%，早晚高峰时长缩短 15 分钟。

8.7.5.3　城市缉查布控系统应用

基于全国公安交通集成指挥平台，兰州交警将缉查布控系统拓展应用在城市道路，实现了大范围车辆缉查布控和预警拦截、轨迹分析、重点车辆布控、侦破涉车案件等应用，形成了系列技战法。2017 年 3 月，成功破获"假牌路虎碾人逃逸"案件。系统投入使用不到半年时间，累计发布拦截指令 3000 余条，成功截获布控车辆 1200 余辆。

8.7.5.4　汽车电子标识应用

无锡交警会同公安部交通管理科学研究所，借力国家物联网重大示范项目，应用"汽车电子标识"创新推行了货运通行智能化管控系统。

基于 RFID 的汽车电子标识，安全存储了车辆属性、年检等基本信息，安装在货运车辆前挡风玻璃上，通过在城市限行区域边界道路上架设读写器，构建了"电子围栏"，实时监测跟踪货运车辆的通行路径、时间等，结合视频对闯禁行的货车、渣土车、危化品车执法取证，并进行布控拦截。

目前，全市已将汽车电子标识推广应用到出租车、公交车等重点车辆的监管，在公交信号优先、重点场所的停车管理、机动车定期检验等方面进行了探索。

8.7.5.5 指挥调度模式转型升级

大连交警着力解决以往指挥调度短板问题（指令衔接不畅、系统接口不一、流程名实不符、岗位忙闲不均等），提档升级指挥中心，打破条块管理局限，破除数据互通壁垒，开创了集成指挥调度新模式。

指挥中心设置 5 大功能区，运行"平台统一、指令归口、分区控制、合成指调"工作机制。一是指挥调度区，设置值班主任、指挥长、应急联动三个岗位，负责警令的上传下达。二是视频巡控区，依托全市主干线视频监控，开展网上巡逻；参考航班管控做法，自动排序任务列表，精确调度警卫任务。三是智能管控区，平时调整信号灯配时、调控潮汐可变车道、发布诱导信息，战时为警卫任务等提供绿波服务。四是情报信息区，实时开展分析研判，对一般警情，扁平化指挥就近民警快速处置；对于协同救援警情，第一时间推送到消防、医疗等联动单位，生成导航图、开辟应急救援快速通道。五是新媒体应用区，开展交通诱导、安全提示，与群众在线互动答疑。主城区80%轻微交通事故通过微信平台远程处置，平均撤除时间降至 8 分钟。

8.7.6 绿色交通保障

绿色交通、低碳出行已成为社会共识。各地公安交通管理部门立足本职，积极推动绿色交通发展，保障公交优先通行，改善慢行出行环境，引导市民改变出行方式，优化交通出行结构。

8.7.6.1 慢行出行环境提质升级

1. 改善慢行出行环境

济南交警以"交通基础设施公平化和人、物运行效率最大化"为原则，按照"行人—非机动车—公交车—小汽车"的顺序，全面实施路权分配改革。一是推动建设"慢生活街区"。在老城区四条重点道路施划节假日限时公交专用道和非机动车专用道，调控小汽车出行需求，核心区拥堵状况明显改善。二是满足社区慢行交通需求。按照"政府主导投入、交警规划设计、社区自管自治"的工作模式，陆续对现有 138 个已建交通微循环项目进行二次优化，对于具备条件的，逐步取缔路内停车泊位，增设非机动车专用道，满足当前绿色出行需要。三是设置非机动车专用道。针对新建改建道路，采用机非绿化隔离模式，设置非机动车专用道。对现状道路进行断面优化，压缩机动车道宽度，安装机非隔离护栏，增设或拓宽非机动车专用道。探索设置电动自行车专用道，让自行车和电动自行车各行其道。四是完善慢行交通设施。改变原来的慢行一体设计，实现行人与非机动车通行分离；实施行人二次过街信号协调，确保行人一次性通过路口；铺设彩色非机动车专用道，施划行人和非机动车地面标识。五是净化慢行空间。在 50 条主次干道实施机动车禁停严管，推动规划、市政、城管、交通等部门集中排查整治人行道、非机动车道不连贯、违法占道、路面设施不完善等问题，进一步改善了慢行出行环境。

2. 打造水陆互通慢行系统

常德交警推动政府有关部门围绕"三山三水"打造了近千公里的步行和自行车慢行系统，实现"水上巴士"通航，连接周边居民小区和城市主次干道慢行系统，并与现有的公交线路相匹配，形成水陆互通的慢行交通体系，引导"步行+公交"、"自行车+公交"的绿色出行方式。

8.7.6.2　保障公交优先通行

1. 保障 BRT 优先通行

乌鲁木齐交警为 7 条 BRT 公交线路和 2 条区间线路提供车辆优先通行保障。一是 BRT 信号配时优先保障。交警指挥中心与 BRT 调度中心互联互动，实时监测到达路口的快速公交，优化信号配时方案，保证快速公交优先通过；二是设置全封闭 BRT 车道，保障快速公交专用路权；三是严厉打击违法占用 BRT 车道行为。安装全覆盖固定式和快速公交车载移动式抓拍设备，在加大非现场查处力度的同时，强化民警现场执法，确保快速公交运行不受干扰。

2. 公交优先通行保障

济南交警优先保障公交路权，确保"公交不堵"。一是推进公交专用道网络建设。对双向六车道及以上新改建道路，同步规划建设公交车道；在现有道路上，设置了44条全天候公交专用道和11条高峰限时公交专用道。二是优化在用公交专用道。增设公交待行区、调整公交停靠模式，采用公交车道与社会车道互借方式，进一步提高公交运行效率。三是优先保障公交信号。在主干道路口增设公交专用信号灯，实现公交提前放行；实行站点间的公交车辆绿波控制，提升了公交运行准点率。公交车辆平均运行速度提高近20%。

8.7.6.3 保障行人过街安全

杭州交警自2009年起开展"礼让斑马线"活动，积极完善行人过街设施，改造人行横道信号灯，增设语音提示与行人过街请求按钮，设置行人等候区、行人LED灯文字提醒，最大限度确保行人安全过街。严格查处车辆不依法让行行为，并专门绘制"斑马线前礼让图"，让驾驶人更加直观地了解礼让标准。要求全市"公务员开的车、公交车、公务用车"等"公"字头车辆驾驶人带头文明出行，带动影响其他社会车辆自觉礼让斑马线。通过综合施策，"礼让斑马线"已成为杭州城市文明的一张"名片"。2016年4月1日，中央电视台"焦点访谈"节目对杭州礼让斑马线的做法和成效进行了报道。根据杭州市公共文明指数测评结果显示，杭州市区主要道路上斑马线前的礼让率已经达到93.91%。

宜昌交警自主研发了"多元智能斑马线"，行人过街自动触发闪光道钉，警示过往车辆减速让行，让行人感受到全方位的安全出行体验。

哈尔滨交警在需要二次过街的道路上创新采用立体行人过街安全岛，通过警示灯和太阳能发光标识，提示驾驶人注意避让，有效保障了过街行人的安全。

8.7.6.4　引导共享单车规范管理

共享单车作为一种新兴的出行服务产品，在有效解决"最后一公里"问题的同时，也引发了车辆乱停乱放、行车安全隐患等问题。成都交警针对个别企业违规施划停车区位等乱象，采取约谈共享单车企业负责人、责令限期整改、督促签订文明公约和增派线下服务团队等方式，落实企业主体责任。制定实施《成都市中心城区公共区域非机动车停放区位技术导则》，指导属地单位在地铁、公交站点增设非机动车停放点，保障轨道交通和共享单车无缝衔接，最大限度方便群众换乘，并有效挤压"火三轮"、"电摩"、超标电动自行车的生存空间。目前，成都市中心城区共享单车日均骑行量已达 150 万人次以上，"轨道公交+慢行交通"已逐渐成为成都市民绿色出行的新方式。

8.7.7　警务机制改革

面对城市快速发展对交通管理带来的新挑战，各地公安交通管理部门"以变应变、以新应新"，深化警务改革，推动转型升级，积极构建信息化、立体化、现代化警务机制，不断提升城市交通综合治理能力水平。

8.7.7.1　"情指勤"一体化

青岛交警在智能交通系统的基础上建立"情指勤"一体化实战警务机制。利用全市近 4000 个交通检测设备，全方位采集海量交通运行基础信息，共享外部行业数据和公安内部数据，通过自动化分析技术，提升警情的主动发现率。指挥中心整合警情接报、指挥调度、勤务管理、组织优化、信号控制、信息服务等多项功能，搭建了支队、大队两级指挥架构，实行岗位派驻机制，实现了指挥环节的有效集成。根据警情分布态势，划分 50 个警区实行指挥中心"点对点"直接指挥。推行日间警区、中队日常和高峰事故三种勤务模式，构建了"突发警情、警区处置，常态管理、中队负责，高峰事故、专岗辅助"的勤务体系，自主研发的勤务管理系统自动生成考核评价。青岛交警通过全面实施"情指勤"一体化实战警务，用警效率明显提升，因处置不及时造成的交通拥堵蔓延基本杜绝。

8.7.7.2 精细化勤务管理

上海交警以道路交通违法行为大整治行动为契机，以精细化勤务考核为抓手，在全市16个区全面开展了交通管理勤务机制改革，提升勤务的精确性、针对性、实效性。一是调整警力配置框架。在全市建立96个道路交通管理责任区，每个责任区设立一个交警大队，对应若干街镇和公安派出所。实行所队联勤和队社联动机制，统筹街镇网格化综合管理中心、公安派出所等资源和力量，形成交通管理合力。二是实行动态化巡管模式。按照"高峰站点、平峰巡线"的原则，以"若干路口+若干路段"为巡逻范围，落实动态化巡管措施。严格落实全员派勤制度，按照定人、定岗、定线、定时的要求，制定每名交警站点、巡逻、工歇等具体勤务安排计划，确保路口严管、路段勤查、区域常巡。三是优化管理效果考评。将评估工作最小单元细化至责任区大队。重点对容易"回潮、反弹"的机动车乱鸣号、乱停车及"五类车"交通顽症的治理效果进行考核。同时，关联"110"警情数据，对交通拥堵类、违停类警情"降压率"进行考核，以量化数据客观评价辖区道路交通秩序和通行能力。

8.7.7.3 推动建立部门联动治理机制

长沙交警成立大联合城市交通管理中心，承担城市交通管理领导小组、交通综合整治领导小组、道路交通安全委员会"三办合一"职能，构建了部门联动、综合治理的城市交通管理工作新格局。一是生成指导精准打击、勤务调整、交通优化的研判指令，直接推送交警各实战部门组织落实。二是针对各市直部门、公安各警种的协同作战需求，开展专题研判会商，生成情报会商成果，推送至相应政府部门或相关警种，提供指导服务。三是定期对全市道路交通运行状况进行综合分析，摸排出影响交通畅通的主要问题，并生成研判报告，提出需要提交政府调度解决的重大事项和治理对策，向责任部门下达任务清单，最后通过督查考核进行绩效评估。

大联合城市交通管理中心成立三年来，推动改造断头瓶颈路 137 条，建设公共停车场 112 个，增加停车泊位 8.9 万个，实施微循环治理项目 107 个，交通管理逐步从"末端"向"前端"转变。

8.7.8　便民出行服务

各地公安交通管理部门始终牢固树立以人民为中心的理念，主动回应群众新期待，充分运用信息技术手段，创新服务方式方法，推出便民利民措施，最大限度满足群众安全畅通出行需求。

8.7.8.1　互联网+便捷出行

1. 互联网+综合出行服务

为让市民享受到越来越方便的"互联网+交管出行服务"，武汉交警汇集交管及政府有关部门、行业、互联网等多方交通数据，搭建互联网+智慧交通"大数据中心"平台，完善行车诱导服务。将交通管制信息、视频监控数据、交通事故、拥堵报警等官方数据，与互联网企业深度对接，实现智能行车导航；将路面 LED 屏与平台对接，通过红、黄、绿三色显示道路拥堵情况，方便市民做好避堵计划；提供上下班路线个性定制服务，让市民获得最快路线信息；对市内各道路交通情况进行实时监测，通过媒体发布《每周交通出行数据分析》，方便市民掌握整体交通出行信息。打造智慧应急救援平台。协调气象、水务等部门，与大型专业救援企业合作，发生暴雨、雪害、浓雾等影响道路交通的气象灾害时，平台迅速生成"积水"、"结冰"等专门地图，通过微信、手机 APP 等渠道，第一时间向社会推送。发生车辆故障、交通事故等情况时，武汉交警可以通过平台调度救援拖车快速完成应急处置。建立警保联动事故快撤快赔平台。协调保监部门、保险企业，建立线上、线下一体化快撤快赔机制。车辆发生轻微擦碰事故时，市民可以线上完成事故快处快赔，最快半小时内当事人即可收到事故赔付款，对需要现场勘查的交通事故，交警、保险查勘员联合处理，定责、定损同步完成。

2. 互联网+智慧避堵

成都交警转变思维定式，利用"互联网+"技术，服务群众避堵出行。一是实施中小街道智慧避堵策略。针对成都市中心城区中小街道路网发达，但利用率较低的现状，联手互联网公司推出导航服务，优化导航地图智慧避堵策略，引导市民充分利用中小街道绕行交通拥堵区域。实施以来，中小街道的利用率提高了约30%。二是预测发布旅行时间。融合处理交通大数据和路网信息，预测特定道路出行时间，在交通诱导屏上实时发布。对于极端天气、道路封闭施工等特殊情况也都能在互联网地图上以图标、语音等方式及时告知。

3. 校园订制公交

贵阳交警推动相关部门，提供"校园订制公交"服务，通过公共交通资源满足学生跨区出行需求。搭建"校园订制公交"平台，设置线上购票功能，定向发送发车信息。学生在约定的时间和地点，扫描二维码即可上下车。学校安排专人负责学生从校门至车门的安全。平台自动将学生上下车时间、地点、进出校门等信息推送给家长，减轻了家长接送学生上下学的出行压力，缓解了上下学高峰时段校园周边的交通拥堵。

8.7.8.2 互联网+提升服务水平

1. 互联网交管服务平台应用

为简化业务办理流程，石家庄交警建成"互联网交通安全综合服务管理平台"，该平台具备10大类131项服务项目，让群众享受到"足不出户即可办理交管业务"的便利，减少了群众办理业务的交通出行。截至目前，平台已注册用户110多万，办理业务300多万笔，应用规模和水平走在全国前列。

2. 交通违法自助处理

昆明交警协调财政、银行等部门自主研发了"交通违法自助处理多媒体终端"，为市民提供查询违法记录、接受违法处理和缴纳罚款一站式服务，在交警窗口、机动车检测机构等场所布设终端115台，方便群众就近处理交通违法。推广应用以来，群众自助处理违法 261 万起，因窗口排队处理交通违法引发的投诉量锐减 97%。

3. "北京交警" APP

北京交通管理局研发推出"北京交警"APP。围绕便民出行服务，提供出行提示、路况预测与下周出行提示三大功能。市民可以通过"出行提示"模块随时查询每日限行尾号和限行措施、即时交通管制信息和突发事件信息；"路况预测"模块实时发布早晚高峰拥堵指数、平均车速、拥堵时段及十大拥堵道路等信息；"下周出行提示"模块围绕重大活动、重要节日、道路施工、交通热点等方面预测下周交通动态，引导市民优化出行路线。此外，系统还设有"事故 e 处理"、"交通违法查询"、"交通违法缴费""电子进京证办理"等 15 个模块。目前"北京交警"APP 已有注册用户 430 万人，首页累计访问量超 3 亿次，业务办理量 7600 多万笔。"北京交警"APP 已成为精准化的服务平台、惠民生的办公平台、顺民意的交流平台，被群众誉为"身边的车管所、掌上的交警队"。

第9章 交通警察队伍情况

交通警察是城市交通管理的一支重要力量，也是守护城市道路交通安全、有序、畅通的基本保障。目前，我国交警警力不足、民警知识结构体系不合理、警力老龄化现象日益凸显，交通管理设施的科学性、系统性、有效性还有待于进一步提升和优化，传统的交通勤务模式难以有效应对机动化发展的大潮，创新转型建立现代化新型警务机制，将成为未来一段时期内城市交通管理面临的问题。

9.1 全国交警队伍概况

9.1.1 全国警力总体保持稳定，2016年略有减少

截至2016年年底，全国交警实有人数26.67万人，比2015年减少0.38万人，下降1.4%，下降幅度最大的是河南、江西、广东、黑龙江4个省份，警力减少的主要原因是民警退休后未及时补录、一线轮岗交流警力回撤等。警力最多的5个省份分别是广东（2.02万人）、山东（1.78万人）、江苏（1.76万人）、河南（1.32万人）、湖南（1.29万人）；警力最少的五个省区分别是青海（1099人）、海南（1252人）、西藏（1347人）、宁夏（1390人）、新疆（4015人），如图9-1所示。

2011~2016年，全国警力基本保持稳定，仅增加1554人，增幅为0.58%，有18个省（区、市）的警力出现了下降，其中，下降最多的为广东（2739人）、福建（2013人）、山东（1471人）、河北（1384人）；13个省（区、市）的警力增加，其中增加最多的为湖南（2537人）、贵州（1472人）、陕西（1276人）、安徽（1227人）、甘肃（1186人），如图9-2所示。

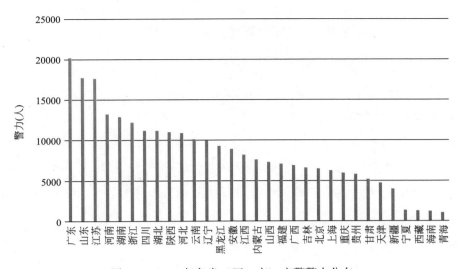

图 9-1　2016 年各省（区、市）交警警力分布

注：1. 不包括香港特别行政区、澳门特别行政区和台湾省。

2. 数据来源于公安部交通管理局。

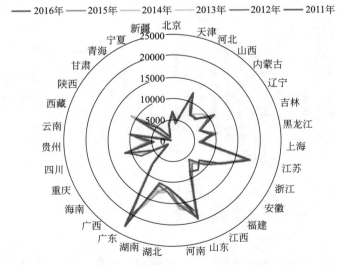

图 9-2　2011~2016 年各省（区、市）万车交警警力分布（人）

注：1. 不包括香港特别行政区、澳门特别行政区和台湾省。

2. 数据来源于公安部交通管理局。

9.1.2　全国每万车警力逐年骤减，交通勤务模式亟待转型

在全国汽车保有量大幅增长的情况下，交警警力没有大幅度变化，直接导致的后果就是交通管理任务的增加以及交警警力吃紧。2016 年，全国每万辆汽车的交警警力仅为 13.7 人，比 2015 年减少 2 人/万车，下降了12.6%。万车警力最多的 5 个省区分别是西藏（35.5 人/万车）、黑龙江（23.4 人/万车）、陕西（21.9 人/万车）、湖南（20.7 人/万车）、江西（20 人/万车）；万车警力最少的 5 个省区分别为河北（7.5 人/万车）、河南（8.9 人/万车）、浙江（9.7 人/万车）、宁夏（9.8 人/万车）、山东（10.1 人/万车），如图 9-3 所示。

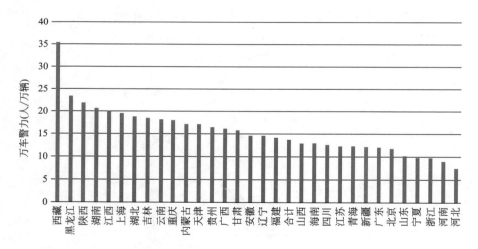

图 9-3　2016 年各省（区、市）万车交警警力分布

注：1. 不包括香港特别行政区、澳门特别行政区和台湾省。

2. 数据来源于公安部交通管理局。

2011～2016 年，在全国交警警力保持稳定的趋势下，全国汽车保有量增加了 8861 万辆，增幅高达 83.8%，同期万车警力下降了 45.26%，年均下降 20.35%，如图 9-4 所示。当前，在城市道路交通需求不断增加的情

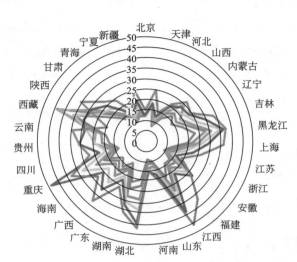

——2016年 ——2015年 ——2014年 ——2013年 ——2012年 ——2011年

图 9-4　2011~2016 年各省（区、市）万车交警警力分布（人/万车）

注：1. 不包括香港特别行政区、澳门特别行政区和台湾省。

2. 数据来源于公安部交通管理局。

况下，警力缺乏是制约交通管理最大的屏障，传统的警务模式也受到前所未有的挑战。唯有顺应趋势、把握规律，进一步创新改革交通管理警务模式，更多地依靠社会的力量、科技的力量才能更好地释放警力，争取城市交通管理效益的最大化。

9.1.3　城市道路执勤警力占比总体偏低

2016 年，我国城区道路执勤民警为 6.39 万人，占全国交通总警力的 24.24%，与 2015 年基本持平。与快速发展的城镇化速度相比，城市道路执勤警力占比偏低。城市道路执勤警力最多的 5 个省（市）分别是广东（6233人）、江苏（4597 人）、北京（4505 人）、上海（3423 人）、河南（3388人）；城市道路执勤警力占比超过 50% 的两个省（区）为北京（69.84%）、上海（54.26%）；城区道路执勤警力占比最低的三个省（区）分别是山西（12.07%）、新疆（12.2%）、青海（14.56%），均低于15%，如图9-5所示。在我国31个省（区、市）中，有21个省（区、市）的城市道路执勤警力占比低于全国平均值24.24%，仅北京、上海、重庆、广东、海南、黑龙江、江苏、湖北、河南、四川10个省（市）高于全国平均值。

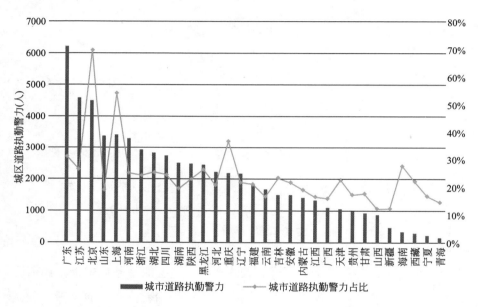

图9-5　2016年各省（区、市）城市道路执勤警力分布

注：1.不包括香港特别行政区、澳门特别行政区和台湾省。

2.数据来源于公安部交通管理局。

2011~2016年的6年间，各省（区、市）城市道路执勤警力分布也发生了一些微妙的变化，广东、上海、北京3个省市2016年城市道路执勤警力占比比2011年分别增加了14、12和11个百分点，说明随着城镇化和机动化的叠加发展，这3个省市的城市交通管理受到了更大关注与重视；而重庆、湖南、内蒙古、河南4个省区城市道路执勤警力占比同期分别减少了18、15、12、10个百分点，如图9-6所示。

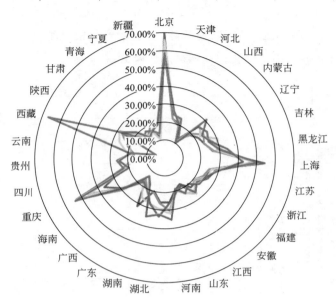

图 9-6　2011~2016 年各省（区、市）城市道路执勤警力分布

注：1. 不包括香港特别行政区、澳门特别行政区和台湾省。

2. 数据来源于公安部交通管理局。

9.1.4　道路执勤执法岗位民警年龄老化现象明显

2016 年，道路执勤执法民警中，40 岁（不含）以上的占 57%，同比增加 2.2 个百分点；50 岁（不含）以上的占 20%，同比增加 2 个百分点。道路执勤执法岗位民警 50 岁（不含）以上的人数超过 2000 人的省（区、市）有 7 个，分别是山东（3562 人）、湖北（2912 人）、广东（2897 人）、辽宁（2863 人）、江苏（2276 人）、江西（2018 人）、北京（2001 人）；道路执勤执法岗位民警 50 岁（不含）以上占比超过 25% 的省（区、市）有 7 个，分别为吉林（31.64%）、北京（31.02%）、海南（29.96%）、辽宁（28.47%）、内蒙古（26.85%）、湖北（26.07%）、河北（25.86%），如图 9-7 所示。可以预见，这些省（区、市）未来几年将面临民警集中退休困境，尤其是湖北、辽宁、北京 3 个省市 50 岁以上警力人数、比例"双高"，应提前未雨绸缪，制定交通警察队伍管理和招录细则，快速做好警力交接，注入新鲜血液，确保队伍的稳定性和战斗力。

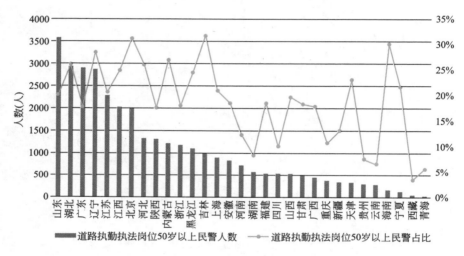

图 9-7　2016 年各省（区、市）道路执勤执法岗位 50 岁以上民警占比

注：1. 不包括香港特别行政区、澳门特别行政区和台湾省。

2. 数据来源于公安部交通管理局。

9.2　全国辅警队伍建设

9.2.1　辅警呈持续快速增长趋势，一定程度缓解了警力不足状况

2016 年，全国交警系统共有辅警 41.68 万人，比 2015 年增加 6.8 万人，增长 19.6%。其中勤务辅警 34.85 万人，增加 4.8 万人，增长 16%，享受地方财政保障的 23.89 万人，占勤务辅警总数的 68.6%；文职辅警 6.83 万人，增加 2.02 万人，增长 42%，享受地方财政保障的 4.23 万人，占文职辅警总数的 62%。其中，辅警人员最多的 8 个省（区、市）为山东

（31650 人）、江苏（30184 人）、河北（27820 人）、浙江（26243 人）、广东（24957 人）、河南（24853 人）、四川（23179 人）和山西（21530人），如图 9-8 所示。

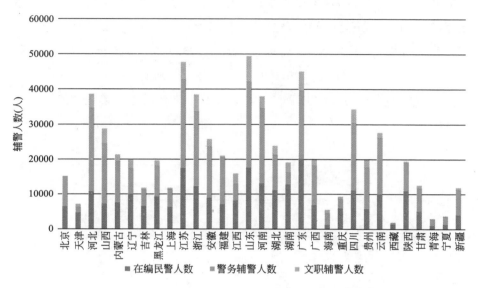

图 9-8　2016 年各省（区、市）交通民警和辅警分布

注：1. 不包括香港特别行政区、澳门特别行政区和台湾省。

2. 数据来源于公安部交通管理局。

2011~2016 年的 6 年期间，全国警务辅警人员共增加了 10.8 万人，增加最多的 5 个省（区、市）为河北（10503 人）、河南（9143 人）、山东（9012 人）、江苏（8330 人）、四川（7749 人）；同期，全国仅有 5 个省（区、市）的警务辅警人数出现了减少，分别是重庆（-4353 人）、上海（-2657 人）、江西（-2296 人）、湖南（-983 人）和天津（-746 人）。

9.2.2　城市道路执勤辅警占比远大于正式民警

2016 年，全国城市道路执勤辅警共 14.58 万人，占道路执勤辅警总数的 57.89%，比 2015 年增加 5224 人，增长 3.7%。其中，城市道路执勤辅警人数最多的 7 个省（区、市）分别为山东（10351 人）、河南（9537 人）、四川（9162 人）、江苏（9125 人）、广东（8687 人）、河北（8333 人）、浙江（7960 人），均为全国人口、经济、汽车大省；而城市道路执勤辅警占道路执勤辅警总数比例最高的 6 个省（区、市）分别为北京（100%）、上海（89.10%）、福建（73.87%）、天津（72.85%）、海南（72.78%）、重庆（70.08%），除福建、海南以外，其他 4 个省（区、市）均为直辖市，也说明超大城市道路执勤任务之繁重，如图 9-9 所示。

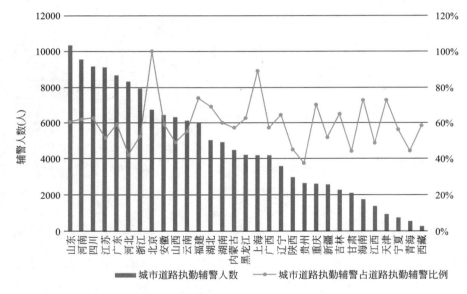

图 9-9　2016 年各省（区、市）城市道路执勤辅警分布

注：1. 不包括香港特别行政区、澳门特别行政区和台湾省。

2. 数据来源于公安部交通管理局。

从全国范围来看，2016 年，全国城市道路执勤辅警人数比城市道路执勤民警多 8.19 万人，是城市道路执勤民警的 2.28 倍。其中，城

市道路执勤民警人数与辅警人数差别最大的 6 个省（区、市）为山东
（6963 人）、四川（6426 人）、河南（6224 人）、河北（6099 人）、山
西（5428 人）、浙江（5012 人）；仅有西藏、天津两个省（区、市）
的城市道路执勤民警人数多于辅警人数，分别多出 33 人和 153 人，如
图 9-10 所示。

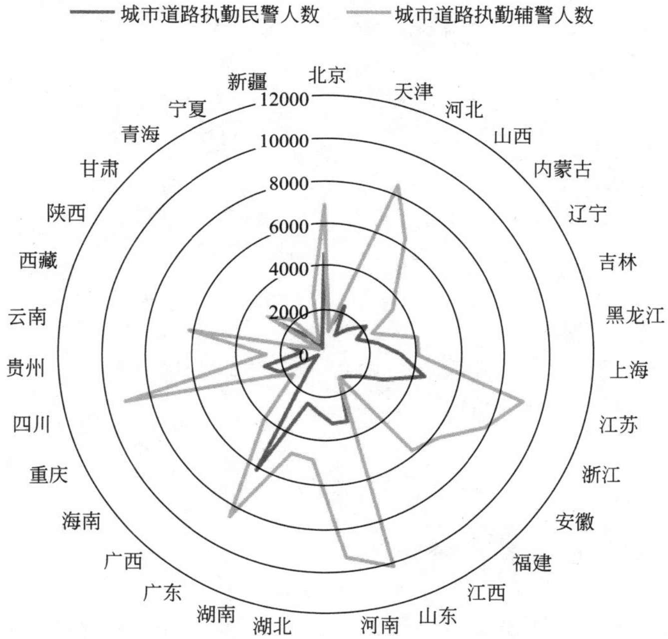

图 9-10　2016 年各省（区、市）城市道路执勤民警与辅警占比

注：1. 不包括香港特别行政区、澳门特别行政区和台湾省。

2. 数据来源于公安部交通管理局。

从全国城市道路执勤辅警和民警的比例来看，2016 年，两者差别最大
的省（区、市）分别为福建、天津、海南、湖北、辽宁、吉林、山东和广
西，如图 9-11 所示，说明这 8 个省（区、市）的城市道路交通管理工作
对辅警的依赖程度更高。

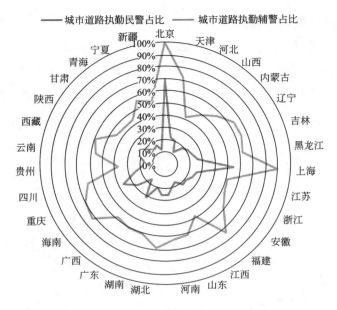

图 9-11　2016 年各省（区、市）城市道路执勤民警与辅警分布

注：1. 不包括香港特别行政区、澳门特别行政区和台湾省。

2. 数据来源于公安部交通管理局。

9.3　交通执法装备情况

9.3.1　执勤执法装备水平整体提升，但通讯指挥车和巡逻车减少

2016 年，全国交警系统共配备执法记录仪 32.48 万个，实现了执勤执法岗位民警人手一个；警务通 16.9 万个，比 2015 年增加 0.7 万个，增长 4.3%；对讲机 29.55 万部，比 2015 年增加 2.98 万部，增长 11.2%；酒精测试仪 5.34 万个，比 2015 年增加 0.6 万个，增长 12.7%；测速仪 3.62 万个，比 2015 年增加 0.41 万个，增长 12.6%；事故勘查车 1.53 万辆，比 2015 年增加 424 辆，增长 2.9%。因公务用车改革影响，全国交警系统配备的通信指挥车比 2015 年减少 188 辆，现剩余 698 辆，下降 21.2%；巡逻

车 5.64 万辆，比 2015 年减少 0.41 万辆，下降 6.8%。

9.3.2　城市道路的执勤执法装备配备水平整体不高

2016 年，全国城市道路上配备固定测速仪 5912 个、移动测速仪 1483 个、巡逻车 24282 辆，分别占道路固定测速仪、移动测速仪和车辆装备的 20.44%、18.61% 和 34.54%。从装备的数量和占比来看，城市道路执勤执法装备的配备水平整体不高。

从城市道路执勤执法装备配备数量来看，四川、黑龙江、浙江、山东、江苏 5 个省（区、市）执勤执法装备配备较好。其中，固定测速仪配备最多的 6 个省（区、市）分别为黑龙江、山东、四川、上海、湖北和江苏；移动测速仪配备最多的省（区、市）为四川、安徽、重庆、浙江和甘肃；巡逻车配备最多的省（区、市）为浙江、广东、山东、黑龙江、江苏、河北、辽宁、河南、四川、吉林和内蒙古，如图 9-12 所示。

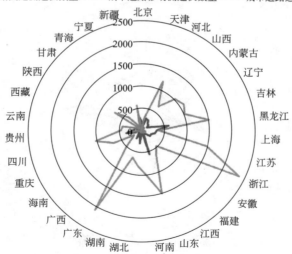

图 9-12　2016 年各省（区、市）城市道路执勤执法装备分布

注：1. 不包括香港特别行政区、澳门特别行政区和台湾省。

2. 数据来源于公安部交通管理局。

　　从执勤执法装备配备占比来看，上海、重庆、黑龙江三个省（区、市）的城市道路执勤执法装备配备比例较高。其中，固定测速仪配备占比最高的省（区、市）分别为上海（73.1%）、黑龙江（52%）、北京（48.72%）、湖北（38.55%）、重庆（31.55%）；移动测速仪配备占比最高的省（区、市）为上海（46.43%）、青海（40.48%）、重庆（37.71%）、陕西（31.69%）、江西（28.13%）、辽宁（27.84%）；巡逻车配备占比最高的省（区、市）为海南（53.25%）、重庆（52.92%）、吉林（51.27%）、浙江（48.74%）、上海（47.28%）、黑龙江（45.88%），如图9-13所示。

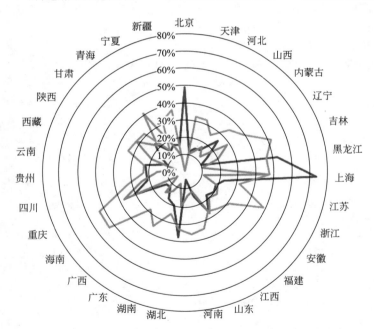

图9-13　2016年各省（区、市）城市道路执勤执法装备占比

注：1. 不包括香港特别行政区、澳门特别行政区和台湾省。

2. 数据来源于公安部交通管理局。

附录1 2016年度城市道路交通发展大事记

1月

1月4日，公安部交通管理局下发《关于印发〈机动车驾驶人考试自主报考工作方案〉的通知》，推进落实驾驶人自主报考措施，保障考生约考权益，促进驾考廉洁公正。

1月15日，公安部交通管理局下发《关于进一步推进互联网交通安全综合服务管理平台建设应用工作的通知》，进一步推进互联网交通平台建设应用工作。

1月19日，公安部交通管理局下发《关于坚决贯彻国务院和公安部领导重要批示指示精神 切实做好低温雨雪冰冻天气道路交通应急管理工作的紧急通知》，以应对全国范围的强降温天气。

1月21日，公安部交通管理局印发《春运突出交通违法行为集中整治方案》，结合春运期间交通违法和事故的规律特点，扎实做好春运交通安保工作。

1月25日，公安部交通管理局下发通知，在全国贯彻实施行业标准《道路交通信号控制机安装规范》GA/T 489—2016。

1月25日，公安部交通管理局下发通知，在全国贯彻实施行业标准《道路交通信号控制方式第5部分：可变导向车道通行控制规则》GA/T 527.5—2016。

1月25日，公安部交通管理局印发《2016年道路交通管理工作要点》。

1月28日，公安部交通管理局下发《关于严格新能源汽车登记检验管理工作的通知》，规范新能源汽车登记检验管理工作。

2月

2月2日，交通运输部发布《城市公共汽电车突发事件应急预案编制规范》JT/T 1018—2016，规定了城市突发应急预案的内容。

2月3日，公安部交通管理局下发《关于开展治理酒驾工作专题调研的通知》，进一步巩固和深化酒驾治理成效。

2月4日，公安部、交通运输部联合下发《关于做好机动车驾驶人培训考试制度改革工作的通知》，切实做好机动车驾驶人培训考试制度改革工作。

2月4日，公安部、交通运输部、中国保险监督管理委员会联合发布《关于机动车驾驶证自学直考试点的公告》，决定在天津、包头、长春、南京、宁波、马鞍山、福州、吉安、青岛、安阳、武汉、南宁、成都、黔东南、大理、宝鸡16个市（州）试点小型汽车、小型自动挡汽车驾驶证自学直考。

2月4日，公安部发布《公安部关于修改〈机动车驾驶证申领和使用规定〉的决定》（公安部令第139号），自2016年4月1日起施行。

2月29日，公安部交通管理局下发通知，在全国贯彻实施行业标准《机动车号牌监制规范》GA/T 1287—2016，该规范自2016年7月1日起实施。

3月

3月8日，公安部交通管理局下发通知，在全国贯彻实施国家标准《城市道路交通标志和标线设置规范》GB 51038—2015。

3月9日，公安部交通管理局下发《关于新增汽车整车进口口岸的通知》。

3月11日，公安部交通管理局下发《关于做好中国与阿联酋机动车驾驶证互认换领工作的通知》。

3月14日，工业和信息化部、国家发展和改革委员会、公安部联合发布《关于开展放宽皮卡车进城限制试点　促进皮卡车消费的通知》。

3月23日，交通运输部、公安部、国家安全监管总局联合发布《关于印发2016年"道路运输平安年"活动方案的通知》。

3月24日，公安部交通管理局下发通知，在全国贯彻实施行业标准《中华人民共和国机动车驾驶证件》GA 482—2012第1号修改单。

4月

4月7日，公安部交通管理局发布关于《印发〈加强西南西北地区重特大道路交通事故预防工作意见〉的通知》。

4月8日，交通运输部发布行业标准《城市轨道交通运营突发事件应急预案编制规范》JT/T 1051—2016、《城市公共交通出行分担率调查和统计方法》JT/T 1052—2016和《无轨电车配置要求》JT/T 1053—2016。

4月8日，中国残疾人联合会、工业和信息化部、公安部、交通运输部、国家卫生和计划生育委员会、国家工商总局、国家质检总局联合发布《关于切实做好单眼视力障碍人士和上肢残疾人驾驶汽车相关工作的通知》。

4月10日，公安部交通管理局发布《关于印发〈第二季度预防重特大道路交通事故专项整治行动工作方案〉的通知》。

4月11日，财政部办公厅、公安部办公厅、中国人民银行办公厅联合发布《关于扩大跨省异地缴纳交通违法罚款试点范围的通知》。

4月13日，公安部交通管理局发布《关于印发〈年内道路交通安全宣传教育作要点〉的通知》。

4月19日，公安部交通管理局下发《关于集中清理排查强制注销重点车辆的通知》。

4月19日，公安部交通管理局下发《关于组织开展中南片区高速公路区域联动整治行动的通知》。

4月19日，公安部交通管理局发布《关于印发〈第二季度预防重特大道路交通事故专项整治行动考核办法〉的通知》。

4月20日，公安部交通管理局下发《关于征求新能源汽车号牌式样意见的通知》。

4月25日，公安部交通管理局下发《关于做好公开公示严重交通违法行为工作的通知》。

4月28日，公安部交通管理局发布关于印发《集中整治酒驾醉驾违法犯罪行为统一行动方案》的通知。

4月30日，公安部交通管理局下发《关于迅速贯彻国务院和公安部领导重要批示精神　切实加强农村道路交通安全管理工作的通知》。

5月

5月4日，公安部交通管理局下发《关于推进城市道路交通信号灯配时智能化和交通标志标线标准化的通知》，决定自5月4日起至2017年12月31日在全国部署推进城市道路交通信号灯配时智能化和交通标志标线标准化。

5月12日，公安部交通管理局下发《关于互联网交通安全综合服务管理平台升级工作的通知》。

5月18日，公安部交通管理局发布《关于印发〈公安交通集成指挥平台推广应用工作方案〉的通知》，决定从6月1日起，在全国分批开展公安交通集成指挥平台推广应用工作。

5月31日，公安部办公厅、教育部办公厅、共青团中央办公厅联合发布《关于组织开展中小学生交通安全宣传系列主题活动的通知》。

6月

6月6日，公安部交通管理局下发《关于规范农村劝导站建设　加强劝导员培训的通知》。

6月13日，公安部交通管理局下发通知，在全国贯彻实施行业标准《移动式LED道路交通信息显示屏》GA/T 742—2016。

6月16日，商务部办公厅、国家发展和改革委员会办公厅、工业和信息化部办公厅、公安部办公厅、财政部办公厅、环境保护部办公厅、交通运输部办公厅、国家税务总局办公厅、国家工商行政管理总局办公厅、中国银行业监督管理委员会办公厅、中国保险监督管理委员会办公厅联合发布《关于促进二手车便利交易　加快活跃二手车市场的通知》。

6 月 16 日，公安部交通管理局下发《关于严格核查涉嫌盗抢骗、走私车辆套用机动车整车出厂合格证问题的通知》。

6 月 16 日，公安部交通管理局下发《关于开展农村交通安全交叉检查的通知》。

6 月 24 日，公安部交通管理局发布《关于印发〈互联网交通安全综合服务管理平台运行使用规定（试行）〉的通知》。

6 月 27 日，公安部交通管理局下发通知，在全国贯彻实施行业标准《车载视频记录取证设备通用技术条件》GA/T 1299—2016。

6 月 30 日，公安部交通管理局下发通知，在全国贯彻实施行业标准《停车服务与管理信息系统通用技术条件》GA/T 1302—2016。

7 月

7 月 1 日，公安部交通管理局发布《关于印发〈暑期交通安全隐患集中整治工作方案〉的通知》。

7 月 5 日，公安部交通管理局下发《关于转发长途客运接驳运输试点信息的通知》。

7 月 7 日，公安部交通管理局下发《关于下达道路交通事故处理有关工作规范起草任务的通知》。

7 月 21 日，公安部交通管理局下发通知，在全国贯彻实施行业标准《道路交通信号控制方式　第 2 部分：通行状态与控制效益评估指标及方法》GA/T 527.2—2016。

7 月 26 日，国务院办公厅发布《关于深化改革推进出租汽车行业健康发展的指导意见》（国办发〔2016〕58 号）。

7 月 28 日，公安部交通管理局下发通知，在全国贯彻实施行业标准《交通安全社会化服务管理信息系统通用技术条件　第 1 部分：互联网交通安全综合服务管理平台》GA/T 1317.1—2016 和《交通安全社会化服务管理信息系统通用技术条件　第 2 部分：专用网络交通安全综合服务管理平台》GA/T 1317. 2—2016。

8 月

8 月 12 日，公安部交通管理局下发《关于下发农村交通安全动漫海报的通知》。

8 月 18 日，交通运输部、工业和信息化部、公安部、工商总局、质检总局联合发布《关于进一步做好货车非法改装和超限超载治理工作的意见》。

8 月 18 日，公安部交通管理局发布《关于下发〈机动车驾驶人违法记分满分教育和审验教育工作规范（试行）〉的通知》。

8 月 18 日，交通运输部办公厅、国家发展和改革委员会办公厅、工业和信息化部办公厅、公安部办公厅、国家质量监督检验检疫总局办公厅联合发布《关于印发〈车辆运输车治理工作方案〉的通知》。

8 月 18 日，交通运输部办公厅、公安部办公厅联合发布《关于印发〈整治公路货车违法超限超载行为专项行动方案〉的通知》。

8 月 19 日，公安部交通管理局下发《关于集中开展查处客车违规载货统一行动的通知》。

8 月 26 日，公安部交通管理局下发《关于下发中小学生交通安全宣传资料的通知》。

8 月 29 日，公安部交通管理局下发《关于立即组织开展长途客运乱象整治的通知》。

8 月 31 日，交通运输部、公安部联合发布《关于印发机动车驾驶培训教学与考试大纲的通知》。

9 月

9 月 21 日，公安部交通管理局下发《关于开展车驾管业务监管工作大检查的通知》。

10 月

10 月 13 日，国家标准化管理委员会发布《城市公共汽电车客运服务规范》GB/T 22484—2016。

10 月 18 日，交通运输部办公厅、公安部办公厅联合发布《关于规范治理超限超载专项行动有关执法工作的通知》。

10 月 21 日，交通运输部发布《网络预约出租汽车运营服务规范》JT/T 1068—2016、《巡游出租汽车运营服务规范》JT/T 1069—2016。

11 月

11 月 4 日，公安部交通管理局下发《关于加强督导检查切实落实第四季度道路交通安全重点工作措施的通知》。

11 月 7 日，交通运输部办公厅印发《关于网络预约出租汽车车辆准入和退出有关工作流程的通知》。

11 月 9 日，公安部、中央精神文明建设指导委员会办公室、中共中央网络安全和信息化领导小组办公室、教育部、司法部、交通运输部、国家安全生产监督管理总局联合发布《关于联合开展 2016 年 "全国交通安全日" 主题活动的通知》。

11 月 16 日，公安部交通管理局下发《关于深入开展中小学生交通安全体验课活动的通知》。

11 月 21 日，公安部发布《公安部关于印发孟建柱　郭声琨同志重要批示和黄明同志在全国公安交通管理工作会议上的讲话的通知》。

11 月 21 日，公安部交通管理局发布《关于印发〈12123 语音服务平台建设指导意见〉的通知》。

11 月 21 日，公安部交通管理局下发《关于做好新能源汽车号牌试点工作的通知》。

11 月 22 日，公安部交通管理局发布《关于印发〈机动车号牌选号系统应用试点工作方案〉的通知》。

11 月 23 日，公安部交通管理局下发通知，在全国贯彻实施行业标准《机动车类型术语和定义》GA 802—2014 第 1 号修改单。

11 月 24 日，公安部交通管理局下发通知，在全国贯彻实施行业标准

《道路车辆智能检测记录系统通用技术条件》GA/T 497—2016。

11月24日，公安部交通管理局下发通知，在全国贯彻实施行业标准《机动车号牌图像自动识别技术规范》GA/T 833—2016。

11月25日，财政部、公安部、中国人民银行联合发布《关于全面实施跨省异地缴纳交通违法罚款工作的通知》。

12月

12月5日，交通运输部、国家发展改革委、公安部、财政部、国土资源部、住房城乡建设部、农业部、商务部、供销合作总社、国家邮政局、国务院扶贫办联合发布《关于稳步推进城乡交通运输一体化 提升公共服务水平的指导意见》。

12月5日，国家发展改革委、交通运输部、公安部、安全监管总局、中国铁路总公司、共青团中央联合发布《关于全力做好2017年春运工作的意见》。

12月9日，交通运输部、公安部、国家安全监管总局联合发布《关于进一步加强道路运输安全管理工作的通知》。

12月13日，公安部交通管理局下发通知，在全国贯彻实施行业标准《闪光警告信号灯》GA/T 743—2016。

12月26日，公安部交通管理局发布《关于转发〈货运车辆驾驶人疲劳驾驶管理现状分析及对策〉的通知》。

12月28日，公安部交通管理局下发通知，在全国贯彻实施行业标准《警用停车示意牌》GA/T 1370—2016。

12月28日，公安部交通管理局下发通知，在全国贯彻实施国家标准《道路交通事故车辆速度鉴定》GB/T 33195—2016。

12月28日，公安部交通管理局发布《关于转发〈2017年春运道路交通安全形势研判分析报告〉的通知》。

12月30日，公安部交通管理局下发《关于严格核查重点车辆报废注销情况的通知》。

　　12 月 30 日，公安部办公厅、中国保险监督管理委员会办公厅联合发布《关于开展公路和农村地区道路交通事故快处快赔工作的通知》。

　　12 月 30 日，工业和信息化部、发展改革委、公安部联合发布《关于扩大放开皮卡车进城限制试点范围的通知》。

附录2 36个大城市交通综合数据统计

36个大城市发展和建设主要数据统计表　　附表2-1

城市	国内生产总值（GDP）（亿元）	国内生产总值（GDP）比上年增长率	城镇居民可支配收入（元）	可支配收入比上年增长	市域常住人口（万）	市域面积（km²）	建成区面积（km²）
北京	24899.3	6.70%	57275	8.40%	2172.9	16411	1401.01
天津	17885.39	9.00%	34074	8.90%	1562.12	11917	885.43
石家庄	5857.8	6.80%	30459	8.10%	1078.46	13056	278.05
太原	2955.6	7.50%	29632	6.90%	434.44	6988	340
呼和浩特	3173.6	7.70%	40220	7.60%	308.9	17186	260
沈阳	6712	-7.81%	39135	6.80%	829.2	12860	465
大连	8150	6.50%	38220	6.50%	698.7	12574	395.5
长春	5928.5	7.80%	31069	6.80%	753.4	20594	506.33
哈尔滨	6101.6	7.30%	33190	7.10%	1066.5	53100	402.9
上海	27466.15	6.80%	57692	8.90%	2419.7	6341	998.75
南京	10503.02	8.00%	49997	8.40%	827	6587	755.27
杭州	11050.49	9.50%	52185	8.00%	918.8	16596	506.09
宁波	8541.1	7.10%	51560	7.70%	787.5	9816	321.91
合肥	6274.3	9.80%	34852	9.00%	786.9	11445	438.2
福州	6197.77	8.50%	37833	8.20%	757	12675	260.05
厦门	3784.25	7.90%	46254	8.60%	392	1699	317.1
南昌	4354.99	9.00%	34619	8.40%	537.14	7402	307.3
济南	6536.1	7.80%	43052	7.90%	723.31	7998	392.96
青岛	10011.29	7.90%	43598	8.00%	920.4	11282	566.37
郑州	7994.2	8.40%	33214	6.80%	972.4	7446	437.6

续表

城市	国内生产总值（GDP）（亿元）	国内生产总值（GDP）比上年增长率	城镇居民可支配收入（元）	可支配收入比上年增长	市域常住人口（万）	市域面积（km²）	建成区面积（km²）
武汉	11912.61	7.80%	39737	9.06%	1076.62	8569	566.13
长沙	9323.7	9.40%	43294	8.30%	764.52	11816	312.3
广州	19610.94	8.20%	50941	9.00%	1404.35	7434	1237.25
深圳	19492.6	9.00%	48695	9.10%	1190.84	1997	900
南宁	3703.39	7.00%	30728	7.70%	706.22	22235	287.4
海口	1257.67	7.70%	30775	7.90%	224.6	2304	152.4
重庆	17558.76	10.70%	29610	8.70%	3048.43	82374	1329.45
成都	12170.23	7.70%	35902	8.10%	1591.8	12121	615.71
贵阳	3157.7	11.70%	29502	8.30%	469.68	8034	299
昆明	4300.43	8.50%	36739	8.20%	672.8	18419	420.5
拉萨	422	12%	29968	11.40%	66.5	29518	90.72
西安	6257.18	8.50%	35630	7.40%	883.21	10097	500.59
兰州	2264.23	8.30%	29661	9.50%	370.55	13086	305.28
西宁	1248.16	9.80%	27539	9.10%	233.37	7660	90
银川	1617.28	8.10%	30478	7.80%	219.11	9025	166.82
乌鲁木齐	2458.98	7.60%	34190	8.20%	351.96	13788	429.96

36个大城市交通发展主要数据统计表　　　附表2-2

城市	机动车数量（万辆）	汽车数量（万辆）	机动车驾驶人数（人）	汽车驾驶人数（人）	公共汽电车年客运量（万人次）	公共汽电车运营车辆数（标台）	轨道交通运营线路长度（km）	轨道交通全年客运总量（万人次）	万车死亡率	千人机动车保有量	千人汽车保有量（辆）
北京	553.2	548.5	1120.5	1036.2	369019	32685	574	365934	2.17	254.6	252.4
天津	303.6	273.7	453.0	411.6	149935	14649	175.4	30855	2.24	194.4	175.2
石家庄	247.6	226.6	317.5	293.2	54600	5925	—	—	1.10	229.6	210.1
太原	130.9	127.2	159.8	153.6	43515	2945	—	—	1.70	301.3	292.9
呼和浩特	86.2	82.0	116.6	110.4	41474	2288	—	—	1.24	279.1	265.4

续表

城市	机动车数量（万辆）	汽车数量（万辆）	机动车驾驶人数（人）	汽车驾驶人数（人）	公共汽电车年客运量（万人次）	公共汽电车运营车辆数（标台）	轨道交通运营线路长度（km）	轨道交通全年客运总量（万人次）	万车死亡率	千人机动车保有量	千人汽车保有量（辆）
沈阳	196.5	187.9	272.4	251.1	98186	7494	54	29723	2.30	184.6	226.6
大连	153.1	137.2	230.5	208.9	93311	6612	166.9	15470	1.54	281.3	196.4
长春	158.8	143.4	265.6	226.9	69337	4757	64.2	8078	4.20	210.7	190.3
哈尔滨	150.7	145.8	281.1	253.0	134330	9426	17.2	6850	2.19	156.6	151.5
上海	354.1	322.0	780.5	668.2	239112	20659	617.5	340106	2.01	146.3	133.1
南京	234.0	221.7	345.3	304.5	92723	11139	231.8	83153	2.12	283.0	268.1
杭州	255.8	233.9	422.8	365.1	141441	10783	81.5	26877	2.24	278.4	254.6
宁波	246.1	204.4	331.4	281.1	41963	6282	74.5	9968	2.42	312.5	259.6
合肥	160.5	143.0	215.9	190.9	60270	6305	24.6	70	2.74	204.0	181.7
福州	141.5	110.4	237.5	177.1	53316	5367	9.2	179	1.19	186.9	145.8
厦门	165.3	110.8	158.9	129.2	88492	6093	—	—	1.73	421.6	282.6
南昌	114.0	86.1	212.7	185.4	42580	4083	28.8	7958	2.66	212.1	160.3
济南	186.9	174.2	244.1	217.9	74086	6912	—	—	2.21	258.5	240.9
青岛	241.8	221.2	344.0	301.8	99596	9258	33.3	1121	1.32	262.7	240.3
郑州	277.9	267.7	392.1	359.1	91039	8306	46.2	12376	0.77	285.8	275.3
武汉	240.2	230.7	399.1	367.9	147388	11578	180.4	71659	2.26	223.1	214.3
长沙	228.8	192.7	278.3	248.9	68162	9300	68.8	16033	0.99	299.3	252.0
广州	251.7	230.0	543.9	409.7	241558	16960	309	257119	3.33	179.2	163.8
深圳	326.4	317.6	386.6	361.9	186799	18899	285	129714	1.26	274.1	266.7
南宁	167.0	115.7	259.0	173.4	44287	4544	32.1	642	2.09	236.5	163.8
海口	75.6	62.5	88.5	67.4	29466	1836	—	—	1.97	336.6	278.3
重庆	521.6	328.1	855.4	586.2	250283	13557	213.3	69343	1.20	171.1	107.6
成都	464.4	412.5	672.9	558.7	155108	13899	105.5	56217	1.44	291.8	259.1
贵阳	126.1	91.7	182.0	154.9	59737	3812	—	—	1.17	268.5	195.2
昆明	224.9	193.8	314.9	250.9	88394	7832	46.3	8821	1.44	334.2	288.0
拉萨	20.9	18.5	12.0	11.2	8208	674	—	—	0.35	393.7	348.0

续表

城市	机动车数量（万辆）	汽车数量（万辆）	机动车驾驶人数（人）	汽车驾驶人数（人）	公共汽电车年客运量（万人次）	公共汽电车运营车辆数（标台）	轨道交通运营线路长度（km）	轨道交通全年客运总量（万人次）	万车死亡率	千人机动车保有量	千人汽车保有量（辆）
西安	260.1	244.2	381.6	365.6	147089	9018	89	40816	1.86	294.5	276.5
兰州	94.0	73.1	107.6	93.3	78637	3233	—	—	2.48	253.7	197.4
西宁	57.8	47.8	61.4	56.9	35821	2099	—	—	2.81	247.6	204.8
银川	71.0	66.5	81.6	74.2	31025	2246	—	—	1.42	324.1	303.5
乌鲁木齐	101.1	91.7	98.6	92.7	85920	6104	—	—	1.84	287.2	260.6

36个大城市和全国城市主要数据对比表　　　附表2-3

	36个大城市总量	全国总量	占全国比重	36个大城市平均值	全国平均值	36个大城市平均值与全国平均值比较
国内生产总值（GDP）（亿元）	301133.31	744127	40.47%	8364.8	2169.5	3.9倍
人口（万人）	32221.33	138271	24.03%	895.04	403.12	2.2倍
市域面积（km²）	522450	9634057	5.42%	14512.5	28087.6	0.5倍
公共汽电车年客运量（万人次）	3736207	7453529	50.13%	103783.5	21730.4	4.8倍
轨道交通年客运量（万人次）	1589082	1615081	98.39%	44141.2	4708.7	9.4倍
机动车（辆）	75901974	256818411	29.55%	2108388	748742	2.8倍
汽车（辆）	66847424	187057997	35.74%	1856873	545359	3.4倍
机动车驾驶人（人）	116255066	355609945	32.69%	3229307	1036764	3.1倍
汽车驾驶人（人）	99987629	312742458	31.97%	2777434	911785	3.0倍
查处道路交通违法（起）	135880558	539000000	25.2%	3774460	1571429	2.4倍
道路交通事故（起）	53800	213148	25.24%	1494	621	2.4倍
交通事故死亡人数（人）	13860	63500	21.82%	385	185	2.1倍

附录 3 36 个大城市交通数据统计及排名

北京市数据统计及排名　　　　　　　附表 3-1

类目	数据年份	指标	数量	排名
城市社会经济	2016 年	GDP（亿元）	24899.3	2
	2016 年	GDP 增长率	6.70%	34
	2016 年	城镇居民可支配收入（元）	57275	2
	2016 年	可支配收入增长率	8.40%	12
	2015 年	轨道交通投资（亿元）	355.91	1
	2015 年	城市交通建设财政固定资产投入（亿元）	501.95	3
	2015 年	建成区面积（km²）	1401.01	1
	2015 年	市辖区面积（km²）	16411	1
	2015 年	市域面积（km²）	16411	9
	2016 年	常住人口（万人）	2172.9	3
	2016 年	户籍人口（万人）	1345.20	3
城市道路	2015 年	城市道路里程（km）	8104	1
	2015 年	城市道路面积（万 m²）	14302	2
	2015 年	道路网密度（km/km²）	5.78	20
	2015 年	人均道路面积（m²/人）	6.58	22
	2015 年	车均道路面积（m²/辆）	26.8	31
城市地面公共交通	2016 年	城市公共汽电车运营车辆数（辆）	32685	1
	2016 年	公共汽电车运营线路长度（km）	19818	4
	2016 年	公共汽电车客运量（亿人次）	36.90	1
	2016 年	公共汽电车车均站场面积（m²/标台）	123	12
	2016 年	公交专用车道（km）	845	1

续表

类目	数据年份	指标	数量	排名
城市轨道交通	2016 年	轨道交通日均客流量（万人次）	1002.56	1
	2016 年	轨道交通里程（km）	574	2
城市出租车	2016 年	出租车数量（辆）	68484	1
	2016 年	千人人均出租车数量（辆）	3.152	2
	2016 年	每辆车年运营里程（万 km/车）	7.45	36
机动车	2016 年	机动车保有量（万辆）	553.2	1
	2016 年	机动车增长率	1.7%	28
	2016 年	千人机动车保有量（辆）	254.6	21
汽车	2016 年	汽车保有量（万辆）	548.5	1
	2016 年	汽车增长率	2.59%	34
	2016 年	千人汽车保有量（辆）	252.4	16
摩托车	2016 年	摩托车保有量（万辆）	12.6034	18
驾驶人	2016 年	机动车驾驶人数量（人）	11204603	1
	2016 年	汽车驾驶人数量（人）	10362068	1
交通管理执法	2016 年	纠正违法数量	13212485	1
	2016 年	机动车违法查处数量	13185823	1
	2016 年	城市道路非现场处罚人次	10996938	1
	2016 年	城市道路现场处罚人次	2207128	2
交通安全	2016 年	道路交通事故起数	2946	2
	2016 年	城市道路交通事故起数	2135	2
	2016 年	道路交通事故死亡数量（人）	1220	1
	2016 年	道路交通事故受伤数量（人）	2622	6
	2016 年	城市道路交通事故死亡数量（人）	852	1
	2016 年	城市道路交通事故受伤数量（人）	1867	4
	2016 年	十万人口死亡率	5.61	10
	2016 年	万车死亡率	2.17	14

天津市数据统计及排名 附表 3-2

类目	数据年份	指标	数量	排名
城市社会经济	2016 年	GDP（亿元）	17855.4	5
	2016 年	GDP 增长率	9.00%	8
	2016 年	城镇居民可支配收入（元）	34074	23
	2016 年	可支配收入增长率	8.90%	8
	2015 年	轨道交通投资（亿元）	124.06	10
	2015 年	城市交通建设财政固定资产投入（亿元）	344.88	5
	2015 年	建成区面积（km^2）	885.43	6
	2015 年	市辖区面积（km^2）	11917	4
	2015 年	市域面积（km^2）	11917	17
	2016 年	常住人口（万人）	1562.12	5
	2016 年	户籍人口（万人）	1026.90	6
城市道路	2015 年	城市道路里程（km）	7636	4
	2015 年	城市道路面积（万 m^2）	14019	4
	2015 年	道路网密度（km/km^2）	8.62	4
	2015 年	人均道路面积（m^2/人）	8.97	12
	2015 年	车均道路面积（m^2/辆）	51.3	9
城市地面公共交通	2016 年	城市公共汽电车运营车辆数（辆）	14649	5
	2016 年	公共汽电车运营线路长度（km）	17757	5
	2016 年	公共汽电车客运量（亿人次）	14.99	7
	2016 年	公共汽电车车均站场面积（m^2/标台）	68.3	28
	2016 年	公交专用车道（km）	65	25
城市轨道交通	2016 年	轨道交通日均客流量（万人次）	84.53	10
	2016 年	轨道交通里程（km）	175.4	8
城市出租车	2016 年	出租车数量（辆）	31940	3
	2016 年	千人人均出租车数量（辆）	2.045	10
	2016 年	每辆车年运营里程（万 km/车）	10.86	25
机动车	2016 年	机动车保有量（万辆）	303.6	6
	2016 年	机动车增长率	-1.0%	35
	2016 年	千人机动车保有量（辆）	194.4	30

类目	数据年份	指标	数量	排名
汽车	2016 年	汽车保有量（万辆）	273.7	6
	2016 年	汽车增长率	0.16%	36
	2016 年	千人汽车保有量（辆）	175.2	29
摩托车	2016 年	摩托车保有量（万辆）	2.4032	29
驾驶人	2016 年	机动车驾驶人数量（人）	4530252	6
	2016 年	汽车驾驶人数量（人）	4115654	5
交通管理执法	2016 年	纠正违法数量	4575152	10
	2016 年	机动车违法查处数量	4572372	10
	2016 年	城市道路非现场处罚人次	3910924	11
	2016 年	城市道路现场处罚人次	682500	13
交通安全	2016 年	道路交通事故起数	4699	1
	2016 年	城市道路交通事故起数	2575	1
	2016 年	道路交通事故死亡数量（人）	628	6
	2016 年	道路交通事故受伤数量（人）	5115	1
	2016 年	城市道路交通事故死亡数量（人）	190	14
	2016 年	城市道路交通事故受伤数量（人）	2759	1
	2016 年	十万人口死亡率	4.02	23
	2016 年	万车死亡率	2.24	10

石家庄市数据统计及排名　　　　　　　附表 3-3

类目	数据年份	指标	数量	排名
城市社会经济	2016 年	GDP（亿元）	5857.8	23
	2016 年	GDP 增长率	6.80%	32
	2016 年	城镇居民可支配收入（元）	30459	30
	2016 年	可支配收入增长率	8.10%	20
	2015 年	轨道交通投资（亿元）	66	20
	2015 年	城市交通建设财政固定资产投入（亿元）	107.25	24
	2015 年	建成区面积（km²）	278.05	30
	2015 年	市辖区面积（km²）	2194	25
	2015 年	市域面积（km²）	13056	12

续表

类目	数据年份	指标	数量	排名
城市社会经济	2016 年	常住人口（万人）	1078.46	8
	2016 年	户籍人口（万人）	1028.84	5
城市道路	2015 年	城市道路里程（km）	1993	23
	2015 年	城市道路面积（万 m^2）	5366	18
	2015 年	道路网密度（km/km^2）	7.17	11
	2015 年	人均道路面积（m^2/人）	4.98	30
	2015 年	车均道路面积（m^2/辆）	27.3	30
城市地面公共交通	2016 年	城市公共汽电车运营车辆数（辆）	5925	24
	2016 年	公共汽电车运营线路长度（km）	3715	27
	2016 年	公共汽电车客运量（亿人次）	5.46	26
	2016 年	公共汽电车车均站场面积（m^2/标台）	162.9	5
	2016 年	公交专用车道（km）	18	31
城市轨道交通	2016 年	轨道交通日均客流量（万人次）	0	25
	2016 年	轨道交通里程（km）	0	25
城市出租车	2016 年	出租车数量（辆）	7749	26
	2016 年	千人人均出租车数量（辆）	0.719	34
	2016 年	每辆车年运营里程（万 km/车）	12.41	16
机动车	2016 年	机动车保有量（万辆）	247.6	11
	2016 年	机动车增长率	7.0%	20
	2016 年	千人机动车保有量（辆）	229.6	25
汽车	2016 年	汽车保有量（万辆）	226.6	12
	2016 年	汽车增长率	15.17%	12
	2016 年	千人汽车保有量（辆）	210.1	22
摩托车	2016 年	摩托车保有量（万辆）	12.9924	17
驾驶人	2016 年	机动车驾驶人数量（人）	3175037	15
	2016 年	汽车驾驶人数量（人）	2931967	14
交通管理执法	2016 年	纠正违法数量	3006766	20
	2016 年	机动车违法查处数量	2986951	20
	2016 年	城市道路非现场处罚人次	2683023	22
	2016 年	城市道路现场处罚人次	377001	21

续表

类目	数据年份	指标	数量	排名
	2016 年	道路交通事故起数	452	32
	2016 年	城市道路交通事故起数	158	34
	2016 年	道路交通事故死亡数量（人）	273	21
交通安全	2016 年	道路交通事故受伤数量（人）	328	33
	2016 年	城市道路交通事故死亡数量（人）	98	27
	2016 年	城市道路交通事故受伤数量（人）	121	33
	2016 年	十万人口死亡率	2.53	32
	2016 年	万车死亡率	1.10	33

太原市数据统计及排名　　　　附表 3-4

类目	数据年份	指标	数量	排名
	2016 年	GDP（亿元）	2955.6	30
	2016 年	GDP 增长率	7.50%	28
	2016 年	城镇居民可支配收入（元）	29632	33
	2016 年	可支配收入增长率	6.90%	32
	2015 年	轨道交通投资（亿元）	0	29
城市社会经济	2015 年	城市交通建设财政固定资产投入（亿元）	49.29	33
	2015 年	建成区面积（km²）	340	22
	2015 年	市辖区面积（km²）	1500	33
	2015 年	市域面积（km²）	6988	31
	2016 年	常住人口（万人）	434.44	28
	2016 年	户籍人口（万人）	367.39	27
	2015 年	城市道路里程（km）	2088	22
	2015 年	城市道路面积（万 m²）	4140	23
城市道路	2015 年	道路网密度（km/km²）	6.14	16
	2015 年	人均道路面积（m²/人）	9.53	10
	2015 年	车均道路面积（m²/辆）	36.9	20
城市地面公共交通	2016 年	城市公共汽电车运营车辆数（辆）	2945	31
	2016 年	公共汽电车运营线路长度（km）	3250	28
	2016 年	公共汽电车客运量（亿人次）	4.35	29

续表

类目	数据年份	指标	数量	排名
城市地面公共交通	2016 年	公共汽电车车均站场面积（m²/标台）	156.5	6
	2016 年	公交专用车道（km）	295	6
城市轨道交通	2016 年	轨道交通日均客流量（万人次）	0	25
	2016 年	轨道交通里程（km）	0	25
城市出租车	2016 年	出租车数量（辆）	8492	22
	2016 年	千人人均出租车数量（辆）	1.955	11
	2016 年	每辆车年运营里程（万 km/车）	9.91	28
机动车	2016 年	机动车保有量（万辆）	130.9	27
	2016 年	机动车增长率	13.3%	5
	2016 年	千人机动车保有量（辆）	301.3	7
汽车	2016 年	汽车保有量（万辆）	127.2	24
	2016 年	汽车增长率	13.31%	19
	2016 年	千人汽车保有量（辆）	292.9	3
摩托车	2016 年	摩托车保有量（万辆）	0.1104	36
驾驶人	2016 年	机动车驾驶人数量（人）	1597528	28
	2016 年	汽车驾驶人数量（人）	1536374	28
交通管理执法	2016 年	纠正违法数量	2037445	25
	2016 年	机动车违法查处数量	2014190	25
	2016 年	城市道路非现场处罚人次	1831403	25
	2016 年	城市道路现场处罚人次	202553	31
交通安全	2016 年	道路交通事故起数	802	23
	2016 年	城市道路交通事故起数	589	22
	2016 年	道路交通事故死亡数量（人）	218	26
	2016 年	道路交通事故受伤数量（人）	888	24
	2016 年	城市道路交通事故死亡数量（人）	140	20
	2016 年	城市道路交通事故受伤数量（人）	623	22
	2016 年	十万人口死亡率	5.02	17
	2016 年	万车死亡率	1.70	22

呼和浩特市数据统计及排名　　　附表3-5

类目	数据年份	指标	数量	排名
城市社会经济	2016 年	GDP（亿元）	3173.6	28
	2016 年	GDP 增长率	7.70%	24
	2016 年	城镇居民可支配收入（元）	40220	12
	2016 年	可支配收入增长率	7.60%	29
	2015 年	轨道交通投资（亿元）	0	29
	2015 年	城市交通建设财政固定资产投入（亿元）	70.25	30
	2015 年	建成区面积（km²）	260	32
	2015 年	市辖区面积（km²）	2065	26
	2015 年	市域面积（km²）	17186	7
	2016 年	常住人口（万人）	308.9	32
	2016 年	户籍人口（万人）	238.58	31
城市道路	2015 年	城市道路里程（km）	898	33
	2015 年	城市道路面积（万 m²）	2506	33
	2015 年	道路网密度（km/km²）	3.45	36
	2015 年	人均道路面积（m²/人）	8.11	17
	2015 年	车均道路面积（m²/辆）	33.3	24
城市地面公共交通	2016 年	城市公共汽电车运营车辆数（辆）	2288	32
	2016 年	公共汽电车运营线路长度（km）	2154	33
	2016 年	公共汽电车客运量（亿人次）	4.15	32
	2016 年	公共汽电车车均站场面积（m²/标台）	233	1
	2016 年	公交专用车道（km）	107	21
城市轨道交通	2016 年	轨道交通日均客流量（万人次）	0	25
	2016 年	轨道交通里程（km）	0	25
城市出租车	2016 年	出租车数量（辆）	6568	28
	2016 年	千人人均出租车数量（辆）	2.126	9
	2016 年	每辆车年运营里程（万 km/车）	11.13	24
机动车	2016 年	机动车保有量（万辆）	86.2	32
	2016 年	机动车增长率	0.1%	31
	2016 年	千人机动车保有量（辆）	279.1	15

223

续表

类目	数据年份	指标	数量	排名
汽车	2016 年	汽车保有量（万辆）	82.0	31
	2016 年	汽车增长率	8.95%	30
	2016 年	千人汽车保有量（辆）	265.4	11
摩托车	2016 年	摩托车保有量（万辆）	0.6117	34
驾驶人	2016 年	机动车驾驶人数量（人）	1166046	30
	2016 年	汽车驾驶人数量（人）	1103641	30
交通管理执法	2016 年	纠正违法数量	1103874	31
	2016 年	机动车违法查处数量	982298	31
	2016 年	城市道路非现场处罚人次	836771	31
	2016 年	城市道路现场处罚人次	266240	26
交通安全	2016 年	道路交通事故起数	671	30
	2016 年	城市道路交通事故起数	457	27
	2016 年	道路交通事故死亡数量（人）	104	34
	2016 年	道路交通事故受伤数量（人）	695	31
	2016 年	城市道路交通事故死亡数量（人）	52	34
	2016 年	城市道路交通事故受伤数量（人）	454	27
	2016 年	十万人口死亡率	3.37	26
	2016 年	万车死亡率	1.24	29

沈阳市数据统计及排名　　　　　　　　　　　　附表 3-6

类目	数据年份	指标	数量	排名
城市社会经济	2016 年	GDP（亿元）	6712	16
	2016 年	GDP 增长率	−7.81%	36
	2016 年	城镇居民可支配收入（元）	39135	14
	2016 年	可支配收入增长率	6.80%	33
	2015 年	轨道交通投资（亿元）	45.72	23
	2015 年	城市交通建设财政固定资产投入（亿元）	103.79	25
	2015 年	建成区面积（km²）	465	14
	2015 年	市辖区面积（km²）	3471	15
	2015 年	市域面积（km²）	12860	13

续表

类目	数据年份	指标	数量	排名
城市社会经济	2016 年	常住人口（万人）	829.2	15
	2016 年	户籍人口（万人）	730.41	15
城市道路	2015 年	城市道路里程（km）	3826	11
	2015 年	城市道路面积（万 m^2）	9071	9
	2015 年	道路网密度（km/km^2）	8.23	6
	2015 年	人均道路面积（m^2/人）	10.94	5
	2015 年	车均道路面积（m^2/辆）	55.3	6
城市地面公共交通	2016 年	城市公共汽电车运营车辆数（辆）	7494	17
	2016 年	公共汽电车运营线路长度（km）	4341	25
	2016 年	公共汽电车客运量（亿人次）	9.82	13
	2016 年	公共汽电车车均站场面积（m^2/标台）	61.8	29
	2016 年	公交专用车道（km）	260	9
城市轨道交通	2016 年	轨道交通日均客流量（万人次）	81.43	11
	2016 年	轨道交通里程（km）	54	16
城市出租车	2016 年	出租车数量（辆）	18587	6
	2016 年	千人人均出租车数量（辆）	2.242	8
	2016 年	每辆车年运营里程（万 km/车）	14.12	6
机动车	2016 年	机动车保有量（万辆）	196.5	18
	2016 年	机动车增长率	6.0%	24
	2016 年	千人机动车保有量（辆）	281.3	14
汽车	2016 年	汽车保有量（万辆）	187.9	18
	2016 年	汽车增长率	14.51%	14
	2016 年	千人汽车保有量（辆）	226.6	20
摩托车	2016 年	摩托车保有量（万辆）	3.0384	28
驾驶人	2016 年	机动车驾驶人数量（人）	2723552	19
	2016 年	汽车驾驶人数量（人）	2511004	17
交通管理执法	2016 年	纠正违法数量	3580203	16
	2016 年	机动车违法查处数量	3565588	16
	2016 年	城市道路非现场处罚人次	3325926	15
	2016 年	城市道路现场处罚人次	246363	29

续表

类目	数据年份	指标	数量	排名
交通安全	2016 年	道路交通事故起数	954	21
	2016 年	城市道路交通事故起数	523	24
	2016 年	道路交通事故死亡数量（人）	442	13
	2016 年	道路交通事故受伤数量（人）	939	23
	2016 年	城市道路交通事故死亡数量（人）	184	16
	2016 年	城市道路交通事故受伤数量（人）	535	25
	2016 年	十万人口死亡率	5.33	14
	2016 年	万车死亡率	2.30	8

大连市数据统计及排名　　　　　　附表 3-7

类目	数据年份	指标	数量	排名
城市社会经济	2016 年	GDP（亿元）	8150	14
	2016 年	GDP 增长率	6.50%	35
	2016 年	城镇居民可支配收入（元）	38220	15
	2016 年	可支配收入增长率	6.50%	36
	2015 年	轨道交通投资（亿元）	35.19	24
	2015 年	城市交通建设财政固定资产投入（亿元）	57.81	31
	2015 年	建成区面积（km^2）	395.5	20
	2015 年	市辖区面积（km^2）	2567	20
	2015 年	市域面积（km^2）	12574	15
	2016 年	常住人口（万人）	698.7	24
	2016 年	户籍人口（万人）	593.56	22
城市道路	2015 年	城市道路里程（km）	3059	14
	2015 年	城市道路面积（万 m^2）	4553	21
	2015 年	道路网密度（km/km^2）	7.73	7
	2015 年	人均道路面积（m^2/人）	6.52	23
	2015 年	车均道路面积（m^2/辆）	36.4	21
城市地面公共交通	2016 年	城市公共汽电车运营车辆数（辆）	6612	19
	2016 年	公共汽电车运营线路长度（km）	4541	21
	2016 年	公共汽电车客运量（亿人次）	9.33	14

续表

类目	数据年份	指标	数量	排名
城市地面 公共交通	2016 年	公共汽电车车均站场面积（m²/标台）	70.9	27
	2016 年	公交专用车道（km）	261	8
城市轨道 交通	2016 年	轨道交通日均客流量（万人次）	42.38	14
	2016 年	轨道交通里程（km）	166.9	9
城市 出租车	2016 年	出租车数量（辆）	11185	16
	2016 年	千人人均出租车数量（辆）	1.601	17
	2016 年	每辆车年运营里程（万 km/车）	11.21	22
机动车	2016 年	机动车保有量（万辆）	153.1	24
	2016 年	机动车增长率	9.9%	11
	2016 年	千人机动车保有量（辆）	184.6	32
汽车	2016 年	汽车保有量（万辆）	137.2	23
	2016 年	汽车增长率	9.80%	29
	2016 年	千人汽车保有量（辆）	196.4	25
摩托车	2016 年	摩托车保有量（万辆）	13.6548	16
驾驶人	2016 年	机动车驾驶人数量（人）	2304867	24
	2016 年	汽车驾驶人数量（人）	2088577	22
交通管理 执法	2016 年	纠正违法数量	3075613	21
	2016 年	机动车违法查处数量	2983868	2983868
	2016 年	城市道路非现场处罚人次	2928417	19
	2016 年	城市道路现场处罚人次	141639	32
交通安全	2016 年	道路交通事故起数	771	25
	2016 年	城市道路交通事故起数	349	31
	2016 年	道路交通事故死亡数量（人）	234	23
	2016 年	道路交通事故受伤数量（人）	718	29
	2016 年	城市道路交通事故死亡数量（人）	85	30
	2016 年	城市道路交通事故受伤数量（人）	350	30
	2016 年	十万人口死亡率	3.35	27
	2016 年	万车死亡率	1.54	23

长春市数据统计及排名　　　　　附表 3-8

类目	数据年份	指标	数量	排名
城市社会经济	2016 年	GDP（亿元）	5928.5	22
	2016 年	GDP 增长率	7.80%	21
	2016 年	城镇居民可支配收入（元）	31069	26
	2016 年	可支配收入增长率	6.80%	33
	2015 年	轨道交通投资（亿元）	72.28	17
	2015 年	城市交通建设财政固定资产投入（亿元）	94.9	27
	2015 年	建成区面积（km²）	506.33	11
	2015 年	市辖区面积（km²）	4789	12
	2015 年	市域面积（km²）	20594	5
	2016 年	常住人口（万人）	753.4	21
	2016 年	户籍人口（万人）	753.83	13
城市道路	2015 年	城市道路里程（km）	3374	12
	2015 年	城市道路面积（万 m²）	7655	14
	2015 年	道路网密度（km/km²）	6.66	14
	2015 年	人均道路面积（m²/人）	10.16	7
	2015 年	车均道路面积（m²/辆）	60.2	4
城市地面公共交通	2016 年	城市公共汽电车运营车辆数（辆）	4757	26
	2016 年	公共汽电车运营线路长度（km）	4618	19
	2016 年	公共汽电车客运量（亿人次）	6.93	22
	2016 年	公共汽电车车均站场面积（m²/标台）	20.2	35
	2016 年	公交专用车道（km）	161	15
城市轨道交通	2016 年	轨道交通日均客流量（万人次）	22.13	18
	2016 年	轨道交通里程（km）	64.2	15
城市出租车	2016 年	出租车数量（辆）	18534	7
	2016 年	千人人均出租车数量（辆）	2.460	5
	2016 年	每辆车年运营里程（万 km/车）	12.91	13
机动车	2016 年	机动车保有量（万辆）	158.8	23
	2016 年	机动车增长率	1.2%	29
	2016 年	千人机动车保有量（辆）	210.7	28

续表

类目	数据年份	指标	数量	排名
汽车	2016 年	汽车保有量（万辆）	143.4	21
	2016 年	汽车增长率	12.84%	22
	2016 年	千人汽车保有量（辆）	190.3	27
摩托车	2016 年	摩托车保有量（万辆）	17.8840	12
驾驶人	2016 年	机动车驾驶人数量（人）	2656208	20
	2016 年	汽车驾驶人数量（人）	2268675	20
交通管理执法	2016 年	纠正违法数量	1590010	28
	2016 年	机动车违法查处数量	1579111	28
	2016 年	城市道路非现场处罚人次	847293	30
	2016 年	城市道路现场处罚人次	739694	9
交通安全	2016 年	道路交通事故起数	2499	7
	2016 年	城市道路交通事故起数	1527	8
	2016 年	道路交通事故死亡数量（人）	684	4
	2016 年	道路交通事故受伤数量（人）	2797	5
	2016 年	城市道路交通事故死亡数量（人）	288	8
	2016 年	城市道路交通事故受伤数量（人）	1600	8
	2016 年	十万人口死亡率	9.08	1
	2016 年	万车死亡率	4.20	1

哈尔滨市数据统计及排名　　　　　附表 3-9

类目	数据年份	指标	数量	排名
城市社会经济	2016 年	GDP（亿元）	6101.6	21
	2016 年	GDP 增长率	7.30%	29
	2016 年	城镇居民可支配收入（元）	33190	25
	2016 年	可支配收入增长率	7.10%	31
	2015 年	轨道交通投资（亿元）	16.48	27
	2015 年	城市交通建设财政固定资产投入（亿元）	52.11	32
	2015 年	建成区面积（km²）	402.9	19
	2015 年	市辖区面积（km²）	10198	5
	2015 年	市域面积（km²）	53100	2

续表

类目	数据年份	指标	数量	排名
城市社会经济	2016 年	常住人口（万人）	1066.5	10
	2016 年	户籍人口（万人）	961.37	7
城市道路	2015 年	城市道路里程（km）	2823	16
	2015 年	城市道路面积（万 m²）	5977	17
	2015 年	道路网密度（km/km²）	7.01	13
	2015 年	人均道路面积（m²/人）	5.60	27
	2015 年	车均道路面积（m²/辆）	47.4	13
城市地面公共交通	2016 年	城市公共汽电车运营车辆数（辆）	9426	11
	2016 年	公共汽电车运营线路长度（km）	5435	16
	2016 年	公共汽电车客运量（亿人次）	13.43	11
	2016 年	公共汽电车车均站场面积（m²/标台）	94	16
	2016 年	公交专用车道（km）	65.8	24
城市轨道交通	2016 年	轨道交通日均客流量（万人次）	18.77	20
	2016 年	轨道交通里程（km）	17.2	23
城市出租车	2016 年	出租车数量（辆）	18193	8
	2016 年	千人人均出租车数量（辆）	1.706	14
	2016 年	每辆车年运营里程（万 km/车）	11.47	20
机动车	2016 年	机动车保有量（万辆）	150.7	25
	2016 年	机动车增长率	12.7%	6
	2016 年	千人机动车保有量（辆）	156.6	35
汽车	2016 年	汽车保有量（万辆）	145.8	20
	2016 年	汽车增长率	15.69%	9
	2016 年	千人汽车保有量（辆）	151.5	33
摩托车	2016 年	摩托车保有量（万辆）	4.2145	26
驾驶人	2016 年	机动车驾驶人数量（人）	2810840	17
	2016 年	汽车驾驶人数量（人）	2529927	16
交通管理执法	2016 年	纠正违法数量	3953873	12
	2016 年	机动车违法查处数量	3927997	12
	2016 年	城市道路非现场处罚人次	3372349	13
	2016 年	城市道路现场处罚人次	581280	15

续表

类目	数据年份	指标	数量	排名
交通安全	2016 年	道路交通事故起数	1433	15
	2016 年	城市道路交通事故起数	1237	11
	2016 年	道路交通事故死亡数量（人）	331	18
	2016 年	道路交通事故受伤数量（人）	1516	15
	2016 年	城市道路交通事故死亡数量（人）	224	13
	2016 年	城市道路交通事故受伤数量（人）	1268	10
	2016 年	十万人口死亡率	3.44	24
	2016 年	万车死亡率	2.19	13

上海市数据统计及排名　　　　附表 3-10

类目	数据年份	指标	数量	排名
城市社会经济	2016 年	GDP（亿元）	27466.2	1
	2016 年	GDP 增长率	6.80%	32
	2016 年	城镇居民可支配收入（元）	57692	1
	2016 年	可支配收入增长率	8.90%	8
	2015 年	轨道交通投资（亿元）	295.92	3
	2015 年	城市交通建设财政固定资产投入（亿元）	469.03	4
	2015 年	建成区面积（km^2）	998.75	4
	2015 年	市辖区面积（km^2）	6341	10
	2015 年	市域面积（km^2）	6341	33
	2016 年	常住人口（万人）	2419.7	2
	2016 年	户籍人口（万人）	1442.97	2
城市道路	2015 年	城市道路里程（km）	4989	8
	2015 年	城市道路面积（万 m^2）	10317	7
	2015 年	道路网密度（km/km^2）	5.00	30
	2015 年	人均道路面积（m^2/人）	4.26	33
	2015 年	车均道路面积（m^2/辆）	36.3	22
城市地面公共交通	2016 年	城市公共汽电车运营车辆数（辆）	20659	2
	2016 年	公共汽电车运营线路长度（km）	24169	1
	2016 年	公共汽电车客运量（亿人次）	23.91	4

续表

类目	数据年份	指标	数量	排名
城市地面公共交通	2016 年	公共汽电车车均站场面积（m²/标台）	95.6	15
	2016 年	公交专用车道（km）	325	5
城市轨道交通	2016 年	轨道交通日均客流量（万人次）	931.8	2
	2016 年	轨道交通里程（km）	617.5	1
城市出租车	2016 年	出租车数量（辆）	47271	2
	2016 年	千人人均出租车数量（辆）	1.954	12
	2016 年	每辆车年运营里程（万 km/车）	12.24	18
机动车	2016 年	机动车保有量（万辆）	354.1	4
	2016 年	机动车增长率	7.8%	17
	2016 年	千人机动车保有量（辆）	146.3	36
汽车	2016 年	汽车保有量（万辆）	322.0	4
	2016 年	汽车增长率	13.30%	20
	2016 年	千人汽车保有量（辆）	133.1	35
摩托车	2016 年	摩托车保有量（万辆）	30.7404	6
驾驶人	2016 年	机动车驾驶人数量（人）	7805160	3
	2016 年	汽车驾驶人数量（人）	6681996	2
交通管理执法	2016 年	纠正违法数量	10139825	2
	2016 年	机动车违法查处数量	9832506	2
	2016 年	城市道路非现场处罚人次	5861478	6
	2016 年	城市道路现场处罚人次	8659532	1
交通安全	2016 年	道路交通事故起数	744	27
	2016 年	城市道路交通事故起数	359	30
	2016 年	道路交通事故死亡数量（人）	722	3
	2016 年	道路交通事故受伤数量（人）	221	34
	2016 年	城市道路交通事故死亡数量（人）	326	7
	2016 年	城市道路交通事故受伤数量（人）	100	35
	2016 年	十万人口死亡率	2.98	29
	2016 年	万车死亡率	2.01	17

南京市数据统计及排名　　　　附表 3-11

类目	数据年份	指标	数量	排名
城市社会 经济	2016 年	GDP（亿元）	10503.02	10
	2016 年	GDP 增长率	8.00%	18
	2016 年	城镇居民可支配收入（元）	49997	6
	2016 年	可支配收入增长率	8.40%	12
	2015 年	轨道交通投资（亿元）	214.64	6
	2015 年	城市交通建设财政固定资产投入（亿元）	337.31	6
	2015 年	建成区面积（km^2）	755.27	7
	2015 年	市辖区面积（km^2）	6587	8
	2015 年	市域面积（km^2）	6587	32
	2016 年	常住人口（万人）	827	16
	2016 年	户籍人口（万人）	653.40	20
城市道路	2015 年	城市道路里程（km）	7771	2
	2015 年	城市道路面积（万 m^2）	14248	3
	2015 年	道路网密度（km/km^2）	10.29	2
	2015 年	人均道路面积（m^2/人）	17.23	2
	2015 年	车均道路面积（m^2/辆）	72.0	2
城市地面 公共交通	2016 年	城市公共汽电车运营车辆数（辆）	11139	9
	2016 年	公共汽电车运营线路长度（km）	9843	9
	2016 年	公共汽电车客运量（亿人次）	9.27	15
	2016 年	公共汽电车车均站场面积（m^2/标台）	71.6	26
	2016 年	公交专用车道（km）	152	16
城市轨道 交通	2016 年	轨道交通日均客流量（万人次）	227.82	5
	2016 年	轨道交通里程（km）	231.8	5
城市 出租车	2016 年	出租车数量（辆）	13790	12
	2016 年	千人人均出租车数量（辆）	1.667	15
	2016 年	每辆车年运营里程（万 km/车）	8.85	33
机动车	2016 年	机动车保有量（万辆）	234.0	15
	2016 年	机动车增长率	6.7%	21
	2016 年	千人机动车保有量（辆）	283.0	13

续表

类目	数据年份	指标	数量	排名
汽车	2016 年	汽车保有量（万辆）	221.7	13
	2016 年	汽车增长率	12.00%	26
	2016 年	千人汽车保有量（辆）	268.1	9
摩托车	2016 年	摩托车保有量（万辆）	14.5752	15
驾驶人	2016 年	机动车驾驶人数量（人）	3452802	12
	2016 年	汽车驾驶人数量（人）	3044500	12
交通管理执法	2016 年	纠正违法数量	7455815	4
	2016 年	机动车违法查处数量	7449041	4
	2016 年	城市道路非现场处罚人次	6993979	3
	2016 年	城市道路现场处罚人次	691619	12
交通安全	2016 年	道路交通事故起数	1181	20
	2016 年	城市道路交通事故起数	580	23
	2016 年	道路交通事故死亡数量（人）	502	11
	2016 年	道路交通事故受伤数量（人）	1089	20
	2016 年	城市道路交通事故死亡数量（人）	226	12
	2016 年	城市道路交通事故受伤数量（人）	511	26
	2016 年	十万人口死亡率	6.07	5
	2016 年	万车死亡率	2.12	15

杭州市数据统计及排名　　　　　　　　　　附表 3-12

类目	数据年份	指标	数量	排名
城市社会经济	2016 年	GDP（亿元）	11050.49	9
	2016 年	GDP 增长率	9.50%	6
	2016 年	城镇居民可支配收入（元）	52185	3
	2016 年	可支配收入增长率	8.00%	22
	2015 年	轨道交通投资（亿元）	123.9	11
	2015 年	城市交通建设财政固定资产投入（亿元）	265.21	12
	2015 年	建成区面积（km²）	506.09	12
	2015 年	市辖区面积（km²）	4876	11
	2015 年	市域面积（km²）	16596	8

续表

类目	数据年份	指标	数量	排名
城市社会经济	2016年	常住人口（万人）	918.8	13
	2016年	户籍人口（万人）	723.55	16
城市道路	2015年	城市道路里程（km）	2991	15
	2015年	城市道路面积（万 m^2）	6540	15
	2015年	道路网密度（km/km^2）	5.91	18
	2015年	人均道路面积（m^2／人）	7.12	21
	2015年	车均道路面积（m^2／辆）	29.1	27
城市地面公共交通	2016年	城市公共汽电车运营车辆数（辆）	10783	10
	2016年	公共汽电车运营线路长度（km）	13866	7
	2016年	公共汽电车客运量（亿人次）	14.14	10
	2016年	公共汽电车车均站场面积（m^2／标台）	108.7	14
	2016年	公交专用车道（km）	164	14
城市轨道交通	2016年	轨道交通日均客流量（万人次）	73.64	12
	2016年	轨道交通里程（km）	81.5	12
城市出租车	2016年	出租车数量（辆）	12209	15
	2016年	千人人均出租车数量（辆）	1.329	22
	2016年	每辆车年运营里程（万 km/车）	9.52	31
机动车	2016年	机动车保有量（万辆）	255.8	9
	2016年	机动车增长率	-3.7%	36
	2016年	千人机动车保有量（辆）	278.4	16
汽车	2016年	汽车保有量（万辆）	233.9	9
	2016年	汽车增长率	4.24%	32
	2016年	千人汽车保有量（辆）	254.6	15
摩托车	2016年	摩托车保有量（万辆）	28.4348	8
驾驶人	2016年	机动车驾驶人数量（人）	4227946	7
	2016年	汽车驾驶人数量（人）	3650980	9
交通管理执法	2016年	纠正违法数量	7339075	5
	2016年	机动车违法查处数量	7317141	5
	2016年	城市道路非现场处罚人次	5776577	7
	2016年	城市道路现场处罚人次	2139077	3

续表

类目	数据年份	指标	数量	排名
交通安全	2016 年	道路交通事故起数	2320	8
	2016 年	城市道路交通事故起数	1117	14
	2016 年	道路交通事故死亡数量（人）	589	8
	2016 年	道路交通事故受伤数量（人）	2393	8
	2016 年	城市道路交通事故死亡数量（人）	235	10
	2016 年	城市道路交通事故受伤数量（人）	1101	11
	2016 年	十万人口死亡率	6.41	3
	2016 年	万车死亡率	2.24	11

宁波市数据统计及排名　　　　　　　　附表 3-13

类目	数据年份	指标	数量	排名
城市社会经济	2016 年	GDP（亿元）	8541.1	13
	2016 年	GDP 增长率	7.10%	30
	2016 年	城镇居民可支配收入（元）	51560	4
	2016 年	可支配收入增长率	7.70%	27
	2015 年	轨道交通投资（亿元）	101.68	13
	2015 年	城市交通建设财政固定资产投入（亿元）	182.78	17
	2015 年	建成区面积（km^2）	321.91	23
	2015 年	市辖区面积（km^2）	2462	22
	2015 年	市域面积（km^2）	9816	22
	2016 年	常住人口（万人）	787.5	17
	2016 年	户籍人口（万人）	586.57	23
城市道路	2015 年	城市道路里程（km）	1650	27
	2015 年	城市道路面积（万 m^2）	3119	29
	2015 年	道路网密度（km/km^2）	5.13	28
	2015 年	人均道路面积（m^2/人）	3.96	35
	2015 年	车均道路面积（m^2/辆）	17.3	36
城市地面公共交通	2016 年	城市公共汽电车运营车辆数（辆）	6282	21
	2016 年	公共汽电车运营线路长度（km）	9467	10
	2016 年	公共汽电车客运量（亿人次）	4.20	31

类目	数据年份	指标	数量	排名
城市地面 公共交通	2016 年	公共汽电车车均站场面积（m²/标台）	223.5	2
	2016 年	公交专用车道（km）	117	20
城市轨道 交通	2016 年	轨道交通日均客流量（万人次）	27.31	16
	2016 年	轨道交通里程（km）	74.5	13
城市 出租车	2016 年	出租车数量（辆）	4627	34
	2016 年	千人人均出租车数量（辆）	0.588	36
	2016 年	每辆车年运营里程（万 km/车）	12.78	14
机动车	2016 年	机动车保有量（万辆）	246.1	12
	2016 年	机动车增长率	−0.9%	34
	2016 年	千人机动车保有量（辆）	312.5	6
汽车	2016 年	汽车保有量（万辆）	204.4	15
	2016 年	汽车增长率	13.35%	18
	2016 年	千人汽车保有量（辆）	259.6	13
摩托车	2016 年	摩托车保有量（万辆）	31.1694	5
驾驶人	2016 年	机动车驾驶人数量（人）	3313609	14
	2016 年	汽车驾驶人数量（人）	2811464	15
交通管理 执法	2016 年	纠正违法数量	4437736	11
	2016 年	机动车违法查处数量	4430230	11
	2016 年	城市道路非现场处罚人次	4131310	10
	2016 年	城市道路现场处罚人次	438701	20
交通安全	2016 年	道路交通事故起数	2251	9
	2016 年	城市道路交通事故起数	1146	13
	2016 年	道路交通事故死亡数量（人）	575	9
	2016 年	道路交通事故受伤数量（人）	2093	10
	2016 年	城市道路交通事故死亡数量（人）	234	11
	2016 年	城市道路交通事故受伤数量（人）	1085	12
	2016 年	十万人口死亡率	7.30	2
	2016 年	万车死亡率	2.42	7

合肥市数据统计及排名　　　　　　附表 3-14

类目	数据年份	指标	数量	排名
城市社会经济	2016 年	GDP（亿元）	6274.3	18
	2016 年	GDP 增长率	9.80%	4
	2016 年	城镇居民可支配收入（元）	34852	20
	2016 年	可支配收入增长率	9.00%	6
	2015 年	轨道交通投资（亿元）	58.23	21
	2015 年	城市交通建设财政固定资产投入（亿元）	119.45	22
	2015 年	建成区面积（km²）	438.2	15
	2015 年	市辖区面积（km²）	1127	34
	2015 年	市域面积（km²）	11445	19
	2016 年	常住人口（万人）	786.9	18
	2016 年	户籍人口（万人）	717.72	17
城市道路	2015 年	城市道路里程（km）	2206	21
	2015 年	城市道路面积（万 m²）	6348	16
	2015 年	道路网密度（km/km²）	5.03	29
	2015 年	人均道路面积（m²/人）	8.07	18
	2015 年	车均道路面积（m²/辆）	54.3	7
城市地面公共交通	2016 年	城市公共汽电车运营车辆数（辆）	6305	20
	2016 年	公共汽电车运营线路长度（km）	3240	29
	2016 年	公共汽电车客运量（亿人次）	6.03	24
	2016 年	公共汽电车车均站场面积（m²/标台）	133.5	10
	2016 年	公交专用车道（km）	62	26
城市轨道交通	2016 年	轨道交通日均客流量（万人次）	0.19	24
	2016 年	轨道交通里程（km）	24.6	22
城市出租车	2016 年	出租车数量（辆）	9402	20
	2016 年	千人人均出租车数量（辆）	1.195	25
	2016 年	每辆车年运营里程（万 km/车）	14.26	5
机动车	2016 年	机动车保有量（万辆）	160.5	22
	2016 年	机动车增长率	14.7%	3
	2016 年	千人机动车保有量（辆）	204.0	29

续表

类目	数据年份	指标	数量	排名
汽车	2016 年	汽车保有量（万辆）	143.0	22
	2016 年	汽车增长率	22.34%	1
	2016 年	千人汽车保有量（辆）	181.7	28
摩托车	2016 年	摩托车保有量（万辆）	15.2641	14
驾驶人	2016 年	机动车驾驶人数量（人）	2159076	25
	2016 年	汽车驾驶人数量（人）	1909449	23
交通管理执法	2016 年	纠正违法数量	1987776	26
	2016 年	机动车违法查处数量	1974334	26
	2016 年	城市道路非现场处罚人次	1492580	28
	2016 年	城市道路现场处罚人次	676765	14
交通安全	2016 年	道路交通事故起数	2066	10
	2016 年	城市道路交通事故起数	916	18
	2016 年	道路交通事故死亡数量（人）	437	14
	2016 年	道路交通事故受伤数量（人）	2293	9
	2016 年	城市道路交通事故死亡数量（人）	170	17
	2016 年	城市道路交通事故受伤数量（人）	877	18
	2016 年	十万人口死亡率	5.55	12
	2016 年	万车死亡率	2.74	4

福州市数据统计及排名　　　　　　　　　　**附表 3-15**

类目	数据年份	指标	数量	排名
城市社会经济	2016 年	GDP（亿元）	6197.77	20
	2016 年	GDP 增长率	8.50%	11
	2016 年	城镇居民可支配收入（元）	37833	16
	2016 年	可支配收入增长率	8.20%	17
	2015 年	轨道交通投资（亿元）	31.02	26
	2015 年	城市交通建设财政固定资产投入（亿元）	103.45	26
	2015 年	建成区面积（km^2）	260.05	31
	2015 年	市辖区面积（km^2）	1786	29
	2015 年	市域面积（km^2）	12675	14

239

续表

类目	数据年份	指标	数量	排名
城市社会经济	2016 年	常住人口（万人）	757	20
	2016 年	户籍人口（万人）	678.36	19
城市道路	2015 年	城市道路里程（km）	1256	31
	2015 年	城市道路面积（万 m²）	2834	30
	2015 年	道路网密度（km/km²）	4.83	31
	2015 年	人均道路面积（m²/人）	3.74	36
	2015 年	车均道路面积（m²/辆）	28.6	28
城市地面公共交通	2016 年	城市公共汽电车运营车辆数（辆）	5367	25
	2016 年	公共汽电车运营线路长度（km）	4457	23
	2016 年	公共汽电车客运量（亿人次）	5.33	27
	2016 年	公共汽电车车均站场面积（m²/标台）	134.5	9
	2016 年	公交专用车道（km）	124	17
城市轨道交通	2016 年	轨道交通日均客流量（万人次）	0.49	23
	2016 年	轨道交通里程（km）	9.2	24
城市出租车	2016 年	出租车数量（辆）	6345	29
	2016 年	千人人均出租车数量（辆）	0.838	33
	2016 年	每辆车年运营里程（万 km/车）	12.52	15
机动车	2016 年	机动车保有量（万辆）	141.5	26
	2016 年	机动车增长率	9.7%	13
	2016 年	千人机动车保有量（辆）	186.9	31
汽车	2016 年	汽车保有量（万辆）	110.4	27
	2016 年	汽车增长率	11.40%	28
	2016 年	千人汽车保有量（辆）	145.8	34
摩托车	2016 年	摩托车保有量（万辆）	24.8054	11
驾驶人	2016 年	机动车驾驶人数量（人）	2374665	23
	2016 年	汽车驾驶人数量（人）	1771372	25
交通管理执法	2016 年	纠正违法数量	3384041	19
	2016 年	机动车违法查处数量	3347534	19
	2016 年	城市道路非现场处罚人次	3322192	16
	2016 年	城市道路现场处罚人次	313197	24

续表

类目	数据年份	指标	数量	排名
交通安全	2016 年	道路交通事故起数	1201	19
	2016 年	城市道路交通事故起数	789	19
	2016 年	道路交通事故死亡数量（人）	163	30
	2016 年	道路交通事故受伤数量（人）	1338	19
	2016 年	城市道路交通事故死亡数量（人）	88	29
	2016 年	城市道路交通事故受伤数量（人）	822	19
	2016 年	十万人口死亡率	2.15	34
	2016 年	万车死亡率	1.19	31

厦门市数据统计及排名　　　　　附表 3-16

类目	数据年份	指标	数量	排名
城市社会经济	2016 年	GDP（亿元）	3784.25	26
	2016 年	GDP 增长率	7.90%	19
	2016 年	城镇居民可支配收入（元）	46254	8
	2016 年	可支配收入增长率	8.60%	11
	2015 年	轨道交通投资（亿元）	67.42	19
	2015 年	城市交通建设财政固定资产投入（亿元）	115.83	23
	2015 年	建成区面积（km²）	317.1	24
	2015 年	市辖区面积（km²）	1699	31
	2015 年	市域面积（km²）	1699	36
	2016 年	常住人口（万人）	392	29
	2016 年	户籍人口（万人）	211.15	32
城市道路	2015 年	城市道路里程（km）	1828	24
	2015 年	城市道路面积（万 m²）	3835	26
	2015 年	道路网密度（km/km²）	5.76	21
	2015 年	人均道路面积（m²/人）	9.78	9
	2015 年	车均道路面积（m²/辆）	40.1	18
城市地面公共交通	2016 年	城市公共汽电车运营车辆数（辆）	6093	23
	2016 年	公共汽电车运营线路长度（km）	7083	13
	2016 年	公共汽电车客运量（亿人次）	8.85	17

241

续表

类目	数据年份	指标	数量	排名
城市地面公共交通	2016 年	公共汽电车车均站场面积（m²/标台）	82.4	23
	2016 年	公交专用车道（km）	54	27
城市轨道交通	2016 年	轨道交通日均客流量（万人次）	0	25
	2016 年	轨道交通里程（km）	0	25
城市出租车	2016 年	出租车数量（辆）	5860	30
	2016 年	千人人均出租车数量（辆）	1.495	21
	2016 年	每辆车年运营里程（万 km/车）	13.5	11
机动车	2016 年	机动车保有量（万辆）	165.3	21
	2016 年	机动车增长率	4.9%	27
	2016 年	千人机动车保有量（辆）	421.6	1
汽车	2016 年	汽车保有量（万辆）	110.8	26
	2016 年	汽车增长率	15.90%	7
	2016 年	千人汽车保有量（辆）	282.6	5
摩托车	2016 年	摩托车保有量（万辆）	28.9530	7
驾驶人	2016 年	机动车驾驶人数量（人）	1589155	29
	2016 年	汽车驾驶人数量（人）	1291652	29
交通管理执法	2016 年	纠正违法数量	2677935	24
	2016 年	机动车违法查处数量	2646642	17
	2016 年	城市道路非现场处罚人次	2360407	23
	2016 年	城市道路现场处罚人次	339973	23
交通安全	2016 年	道路交通事故起数	1358	17
	2016 年	城市道路交通事故起数	976	17
	2016 年	道路交通事故死亡数量（人）	244	22
	2016 年	道路交通事故受伤数量（人）	1409	17
	2016 年	城市道路交通事故死亡数量（人）	137	21
	2016 年	城市道路交通事故受伤数量（人）	989	15
	2016 年	十万人口死亡率	6.22	4
	2016 年	万车死亡率	1.73	21

南昌市数据统计及排名　　　　附表 3-17

类目	数据年份	指标	数量	排名
城市社会经济	2016 年	GDP（亿元）	4354.99	24
	2016 年	GDP 增长率	9.00%	8
	2016 年	城镇居民可支配收入（元）	34619	21
	2016 年	可支配收入增长率	8.40%	12
	2015 年	轨道交通投资（亿元）	49.18	22
	2015 年	城市交通建设财政固定资产投入（亿元）	184.67	16
	2015 年	建成区面积（km²）	307.3	26
	2015 年	市辖区面积（km²）	3095	19
	2015 年	市域面积（km²）	7402	30
	2016 年	常住人口（万人）	537.14	26
	2016 年	户籍人口（万人）	520.38	25
城市道路	2015 年	城市道路里程（km）	1659	26
	2015 年	城市道路面积（万 m²）	3448	27
	2015 年	道路网密度（km/km²）	5.40	24
	2015 年	人均道路面积（m²/人）	6.42	24
	2015 年	车均道路面积（m²/辆）	46.7	14
城市地面公共交通	2016 年	城市公共汽电车运营车辆数（辆）	4083	28
	2016 年	公共汽电车运营线路长度（km）	4724	18
	2016 年	公共汽电车客运量（亿人次）	4.26	30
	2016 年	公共汽电车车均站场面积（m²/标台）	7.1	36
	2016 年	公交专用车道（km）	28	29
城市轨道交通	2016 年	轨道交通日均客流量（万人次）	21.8	19
	2016 年	轨道交通里程（km）	28.8	21
城市出租车	2016 年	出租车数量（辆）	5453	32
	2016 年	千人人均出租车数量（辆）	1.015	30
	2016 年	每辆车年运营里程（万 km/车）	13.51	10
机动车	2016 年	机动车保有量（万辆）	114.0	29
	2016 年	机动车增长率	16.0%	1
	2016 年	千人机动车保有量（辆）	212.1	27

续表

类目	数据年份	指标	数量	排名
汽车	2016 年	汽车保有量（万辆）	86.1	30
	2016 年	汽车增长率	16.58%	6
	2016 年	千人汽车保有量（辆）	160.3	32
摩托车	2016 年	摩托车保有量（万辆）	0.6101	35
驾驶人	2016 年	机动车驾驶人数量（人）	2126801	26
	2016 年	汽车驾驶人数量（人）	1853971	24
交通管理执法	2016 年	纠正违法数量	1790821	27
	2016 年	机动车违法查处数量	1785557	27
	2016 年	城市道路非现场处罚人次	1712946	26
	2016 年	城市道路现场处罚人次	104514	33
交通安全	2016 年	道路交通事故起数	294	34
	2016 年	城市道路交通事故起数	188	33
	2016 年	道路交通事故死亡数量（人）	231	24
	2016 年	道路交通事故受伤数量（人）	218	35
	2016 年	城市道路交通事故死亡数量（人）	128	24
	2016 年	城市道路交通事故受伤数量（人）	132	32
	2016 年	十万人口死亡率	4.30	21
	2016 年	万车死亡率	2.66	5

济南市数据统计及排名　　　　**附表 3-18**

类目	数据年份	指标	数量	排名
城市社会经济	2016 年	GDP（亿元）	6536.1	17
	2016 年	GDP 增长率	7.80%	21
	2016 年	城镇居民可支配收入（元）	43052	11
	2016 年	可支配收入增长率	7.90%	24
	2015 年	轨道交通投资（亿元）	8.04	28
	2015 年	城市交通建设财政固定资产投入（亿元）	75.45	29
	2015 年	建成区面积（km^2）	392.96	21
	2015 年	市辖区面积（km^2）	3303	16
	2015 年	市域面积（km^2）	7998	26

续表

类目	数据年份	指标	数量	排名
城市社会 经济	2016 年	常住人口（万人）	723.31	22
	2016 年	户籍人口（万人）	625.73	21
城市道路	2015 年	城市道路里程（km）	4854	9
	2015 年	城市道路面积（万 m²）	8358	10
	2015 年	道路网密度（km/km²）	12.35	1
	2015 年	人均道路面积（m²/人）	11.56	3
	2015 年	车均道路面积（m²/辆）	54.3	8
城市地面 公共交通	2016 年	城市公共汽电车运营车辆数（辆）	6912	18
	2016 年	公共汽电车运营线路长度（km）	4765	17
	2016 年	公共汽电车客运量（亿人次）	7.41	21
	2016 年	公共汽电车车均站场面积（m²/标台）	144.5	8
	2016 年	公交专用车道（km）	191	11
城市轨道 交通	2016 年	轨道交通日均客流量（万人次）	0	25
	2016 年	轨道交通里程（km）	0	25
城市 出租车	2016 年	出租车数量（辆）	8949	21
	2016 年	千人人均出租车数量（辆）	1.237	23
	2016 年	每辆车年运营里程（万 km/车）	8.71	34
机动车	2016 年	机动车保有量（万辆）	186.9	19
	2016 年	机动车增长率	8.9%	14
	2016 年	千人机动车保有量（辆）	258.5	20
汽车	2016 年	汽车保有量（万辆）	174.2	19
	2016 年	汽车增长率	13.10%	21
	2016 年	千人汽车保有量（辆）	240.9	18
摩托车	2016 年	摩托车保有量（万辆）	7.3620	24
驾驶人	2016 年	机动车驾驶人数量（人）	2441117	22
	2016 年	汽车驾驶人数量（人）	2178510	21
交通管理 执法	2016 年	纠正违法数量	2980672	22
	2016 年	机动车违法查处数量	2977521	22
	2016 年	城市道路非现场处罚人次	2720408	21
	2016 年	城市道路现场处罚人次	263739	27

续表

类目	数据年份	指标	数量	排名
交通安全	2016 年	道路交通事故起数	2943	3
	2016 年	城市道路交通事故起数	1744	5
	2016 年	道路交通事故死亡数量（人）	403	16
	2016 年	道路交通事故受伤数量（人）	3169	3
	2016 年	城市道路交通事故死亡数量（人）	143	19
	2016 年	城市道路交通事故受伤数量（人）	1792	5
	2016 年	十万人口死亡率	5.57	11
	2016 年	万车死亡率	2.21	12

青岛市数据统计及排名　　　　　　　　　附表 3-19

类目	数据年份	指标	数量	排名
城市社会经济	2016 年	GDP（亿元）	10011.29	11
	2016 年	GDP 增长率	7.90%	19
	2016 年	城镇居民可支配收入（元）	43598	9
	2016 年	可支配收入增长率	8.00%	22
	2015 年	轨道交通投资（亿元）	111.36	12
	2015 年	城市交通建设财政固定资产投入（亿元）	133.47	20
	2015 年	建成区面积（km^2）	566.37	9
	2015 年	市辖区面积（km^2）	3293	17
	2015 年	市域面积（km^2）	11282	20
	2016 年	常住人口（万人）	920.4	12
	2016 年	户籍人口（万人）	783.09	12
城市道路	2015 年	城市道路里程（km）	4375	10
	2015 年	城市道路面积（万 m^2）	7941	11
	2015 年	道路网密度（km/km^2）	7.72	8
	2015 年	人均道路面积（m^2/人）	8.63	16
	2015 年	车均道路面积（m^2/辆）	40.8	15
城市地面公共交通	2016 年	城市公共汽电车运营车辆数（辆）	9258	13
	2016 年	公共汽电车运营线路长度（km）	8932	11
	2016 年	公共汽电车客运量（亿人次）	9.96	12

续表

类目	数据年份	指标	数量	排名
城市地面公共交通	2016 年	公共汽电车车均站场面积（m²/标台）	74.9	24
	2016 年	公交专用车道（km）	166	13
城市轨道交通	2016 年	轨道交通日均客流量（万人次）	3.07	21
	2016 年	轨道交通里程（km）	33.3	19
城市出租车	2016 年	出租车数量（辆）	10048	18
	2016 年	千人人均出租车数量（辆）	1.092	28
	2016 年	每辆车年运营里程（万 km/车）	10.03	27
机动车	2016 年	机动车保有量（万辆）	241.8	13
	2016 年	机动车增长率	6.4%	23
	2016 年	千人机动车保有量（辆）	262.7	19
汽车	2016 年	汽车保有量（万辆）	221.2	14
	2016 年	汽车增长率	13.65%	17
	2016 年	千人汽车保有量（辆）	240.3	19
摩托车	2016 年	摩托车保有量（万辆）	9.5737	22
驾驶人	2016 年	机动车驾驶人数量（人）	3440132	13
	2016 年	汽车驾驶人数量（人）	3018399	13
交通管理执法	2016 年	纠正违法数量	3791005	13
	2016 年	机动车违法查处数量	3745044	13
	2016 年	城市道路非现场处罚人次	3442984	12
	2016 年	城市道路现场处罚人次	342682	22
交通安全	2016 年	道路交通事故起数	1759	13
	2016 年	城市道路交通事故起数	1053	15
	2016 年	道路交通事故死亡数量（人）	308	20
	2016 年	道路交通事故受伤数量（人）	1770	13
	2016 年	城市道路交通事故死亡数量（人）	95	28
	2016 年	城市道路交通事故受伤数量（人）	1035	13
	2016 年	十万人口死亡率	3.35	28
	2016 年	万车死亡率	1.32	27

郑州市数据统计及排名　　　　　　　附表 3-20

类目	数据年份	指标	数量	排名
城市社会经济	2016 年	GDP（亿元）	7994.2	15
	2016 年	GDP 增长率	8.40%	14
	2016 年	城镇居民可支配收入（元）	33214	24
	2016 年	可支配收入增长率	6.80%	33
	2015 年	轨道交通投资（亿元）	95.82	14
	2015 年	城市交通建设财政固定资产投入（亿元）	240.8	13
	2015 年	建成区面积（km²）	437.6	16
	2015 年	市辖区面积（km²）	1010	35
	2015 年	市域面积（km²）	7446	28
	2016 年	常住人口（万人）	972.4	11
	2016 年	户籍人口（万人）	810.49	11
城市道路	2015 年	城市道路里程（km）	1809	25
	2015 年	城市道路面积（万 m²）	4720	20
	2015 年	道路网密度（km/km²）	4.13	34
	2015 年	人均道路面积（m²/人）	4.85	31
	2015 年	车均道路面积（m²/辆）	19.8	35
城市地面公共交通	2016 年	城市公共汽电车运营车辆数（辆）	8306	15
	2016 年	公共汽电车运营线路长度（km）	4600	20
	2016 年	公共汽电车客运量（亿人次）	9.10	16
	2016 年	公共汽电车车均站场面积（m²/标台）	173.9	4
	2016 年	公交专用车道（km）	121	18
城市轨道交通	2016 年	轨道交通日均客流量（万人次）	33.91	15
	2016 年	轨道交通里程（km）	46.2	18
城市出租车	2016 年	出租车数量（辆）	10908	17
	2016 年	千人人均出租车数量（辆）	1.122	27
	2016 年	每辆车年运营里程（万 km/车）	8.22	35
机动车	2016 年	机动车保有量（万辆）	277.9	7
	2016 年	机动车增长率	5.2%	26
	2016 年	千人机动车保有量（辆）	285.8	12

续表

类目	数据年份	指标	数量	排名
汽车	2016 年	汽车保有量（万辆）	267.7	7
	2016 年	汽车增长率	12.06%	25
	2016 年	千人汽车保有量（辆）	275.3	8
摩托车	2016 年	摩托车保有量（万辆）	10.1010	21
驾驶人	2016 年	机动车驾驶人数量（人）	3920937	9
	2016 年	汽车驾驶人数量（人）	3591486	11
交通管理执法	2016 年	纠正违法数量	3850555	14
	2016 年	机动车违法查处数量	3740417	14
	2016 年	城市道路非现场处罚人次	3341365	14
	2016 年	城市道路现场处罚人次	511071	18
交通安全	2016 年	道路交通事故起数	895	22
	2016 年	城市道路交通事故起数	731	20
	2016 年	道路交通事故死亡数量（人）	216	28
	2016 年	道路交通事故受伤数量（人）	849	25
	2016 年	城市道路交通事故死亡数量（人）	147	18
	2016 年	城市道路交通事故受伤数量（人）	688	21
	2016 年	十万人口死亡率	2.22	33
	2016 年	万车死亡率	0.77	35

武汉市数据统计及排名　　　　　附表 3-21

类目	数据年份	指标	数量	排名
城市社会经济	2016 年	GDP（亿元）	11912.61	8
	2016 年	GDP 增长率	7.80%	21
	2016 年	城镇居民可支配收入（元）	39737	13
	2016 年	可支配收入增长率	9.06%	5
	2015 年	轨道交通投资（亿元）	311.29	2
	2015 年	城市交通建设财政固定资产投入（亿元）	713.2	1
	2015 年	建成区面积（km²）	566.13	10
	2015 年	市辖区面积（km²）	1738	30
	2015 年	市域面积（km²）	8569	24

续表

类目	数据年份	指标	数量	排名
城市社会经济	2016 年	常住人口（万人）	1076.62	9
	2016 年	户籍人口（万人）	829.27	9
城市道路	2015 年	城市道路里程（km）	5354	7
	2015 年	城市道路面积（万 m^2）	9495	8
	2015 年	道路网密度（km/km^2）	9.46	3
	2015 年	人均道路面积（m^2/人）	8.82	13
	2015 年	车均道路面积（m^2/辆）	48.0	12
城市地面公共交通	2016 年	城市公共汽电车运营车辆数（辆）	11578	8
	2016 年	公共汽电车运营线路长度（km）	6001	15
	2016 年	公共汽电车客运量（亿人次）	14.74	8
	2016 年	公共汽电车车均站场面积（m^2/标台）	110.2	13
	2016 年	公交专用车道（km）	287	7
城市轨道交通	2016 年	轨道交通日均客流量（万人次）	196.33	6
	2016 年	轨道交通里程（km）	180.4	7
城市出租车	2016 年	出租车数量（辆）	17376	10
	2016 年	千人人均出租车数量（辆）	1.614	16
	2016 年	每辆车年运营里程（万 km/车）	13.74	8
机动车	2016 年	机动车保有量（万辆）	240.2	14
	2016 年	机动车增长率	12.5%	7
	2016 年	千人机动车保有量（辆）	223.1	26
汽车	2016 年	汽车保有量（万辆）	230.7	10
	2016 年	汽车增长率	16.70%	5
	2016 年	千人汽车保有量（辆）	214.3	21
摩托车	2016 年	摩托车保有量（万辆）	8.1226	23
驾驶人	2016 年	机动车驾驶人数量（人）	3991433	8
	2016 年	汽车驾驶人数量（人）	3678718	7
交通管理执法	2016 年	纠正违法数量	8182802	7
	2016 年	机动车违法查处数量	6331523	7
	2016 年	城市道路非现场处罚人次	7677317	2
	2016 年	城市道路现场处罚人次	511364	17

续表

类目	数据年份	指标	数量	排名
交通安全	2016 年	道路交通事故起数	2046	11
	2016 年	城市道路交通事故起数	1762	4
	2016 年	道路交通事故死亡数量（人）	543	10
	2016 年	道路交通事故受伤数量（人）	1845	11
	2016 年	城市道路交通事故死亡数量（人）	343	5
	2016 年	城市道路交通事故受伤数量（人）	1683	6
	2016 年	十万人口死亡率	5.04	16
	2016 年	万车死亡率	2.26	9

长沙市数据统计及排名　　　　　　　附表 3-22

类目	数据年份	指标	数量	排名
城市社会经济	2016 年	GDP（亿元）	9323.7	12
	2016 年	GDP 增长率	9.40%	7
	2016 年	城镇居民可支配收入（元）	43294	10
	2016 年	可支配收入增长率	8.30%	15
	2015 年	轨道交通投资（亿元）	161.44	9
	2015 年	城市交通建设财政固定资产投入（亿元）	208.74	14
	2015 年	建成区面积（km^2）	312.3	25
	2015 年	市辖区面积（km^2）	1909	28
	2015 年	市域面积（km^2）	11816	18
	2016 年	常住人口（万人）	764.52	19
	2016 年	户籍人口（万人）	680.36	18
城市道路	2015 年	城市道路里程（km）	2300	18
	2015 年	城市道路面积（万 m^2）	4200	22
	2015 年	道路网密度（km/km^2）	7.36	10
	2015 年	人均道路面积（m^2/人）	5.49	28
	2015 年	车均道路面积（m^2/辆）	25.1	32
城市地面公共交通	2016 年	城市公共汽电车运营车辆数（辆）	9300	12
	2016 年	公共汽电车运营线路长度（km）	4519	22
	2016 年	公共汽电车客运量（亿人次）	6.82	23

251

续表

类目	数据年份	指标	数量	排名
城市地面公共交通	2016 年	公共汽电车车均站场面积（m²/标台）	82.6	22
	2016 年	公交专用车道（km）	190	12
城市轨道交通	2016 年	轨道交通日均客流量（万人次）	43.93	13
	2016 年	轨道交通里程（km）	68.8	14
城市出租车	2016 年	出租车数量（辆）	7816	25
	2016 年	千人人均出租车数量（辆）	1.022	29
	2016 年	每辆车年运营里程（万 km/车）	13.35	12
机动车	2016 年	机动车保有量（万辆）	228.8	16
	2016 年	机动车增长率	7.6%	18
	2016 年	千人机动车保有量（辆）	299.3	8
汽车	2016 年	汽车保有量（万辆）	192.7	17
	2016 年	汽车增长率	15.26%	11
	2016 年	千人汽车保有量（辆）	252.0	17
摩托车	2016 年	摩托车保有量（万辆）	27.3145	9
驾驶人	2016 年	机动车驾驶人数量（人）	2782612	18
	2016 年	汽车驾驶人数量（人）	2489172	19
交通管理执法	2016 年	纠正违法数量	3524400	17
	2016 年	机动车违法查处数量	3490262	17
	2016 年	城市道路非现场处罚人次	3074151	17
	2016 年	城市道路现场处罚人次	446668	19
交通安全	2016 年	道路交通事故起数	1413	16
	2016 年	城市道路交通事故起数	1018	16
	2016 年	道路交通事故死亡数量（人）	218	27
	2016 年	道路交通事故受伤数量（人）	1393	18
	2016 年	城市道路交通事故死亡数量（人）	136	23
	2016 年	城市道路交通事故受伤数量（人）	1000	14
	2016 年	十万人口死亡率	2.85	31
	2016 年	万车死亡率	0.99	34

广州市数据统计及排名　　　　　附表 3-23

类目	数据年份	指标	数量	排名
城市社会经济	2016 年	GDP（亿元）	19610.94	3
	2016 年	GDP 增长率	8.20%	16
	2016 年	城镇居民可支配收入（元）	50941	5
	2016 年	可支配收入增长率	9.00%	6
	2015 年	轨道交通投资（亿元）	169.49	8
	2015 年	城市交通建设财政固定资产投入（亿元）	306.91	9
	2015 年	建成区面积（km^2）	1237.25	3
	2015 年	市辖区面积（km^2）	7434	7
	2015 年	市域面积（km^2）	7434	29
	2016 年	常住人口（万人）	1404.35	6
	2016 年	户籍人口（万人）	854.19	8
城市道路	2015 年	城市道路里程（km）	7462	5
	2015 年	城市道路面积（万 m^2）	11230	6
	2015 年	道路网密度（km/km^2）	6.03	17
	2015 年	人均道路面积（m^2/人）	8.00	19
	2015 年	车均道路面积（m^2/辆）	50.2	10
城市地面公共交通	2016 年	城市公共汽电车运营车辆数（辆）	16960	4
	2016 年	公共汽电车运营线路长度（km）	20831	3
	2016 年	公共汽电车客运量（亿人次）	24.16	3
	2016 年	公共汽电车车均站场面积（m^2/标台）	25.7	34
	2016 年	公交专用车道（km）	457.6	3
城市轨道交通	2016 年	轨道交通日均客流量（万人次）	704.44	3
	2016 年	轨道交通里程（km）	309	3
城市出租车	2016 年	出租车数量（辆）	22101	4
	2016 年	千人人均出租车数量（辆）	1.574	18
	2016 年	每辆车年运营里程（万 km/车）	12.26	17
机动车	2016 年	机动车保有量（万辆）	251.7	10
	2016 年	机动车增长率	-0.6%	33
	2016 年	千人机动车保有量（辆）	179.2	33

续表

类目	数据年份	指标	数量	排名
汽车	2016 年	汽车保有量（万辆）	230.0	11
	2016 年	汽车增长率	2.78%	33
	2016 年	千人汽车保有量（辆）	163.8	31
摩托车	2016 年	摩托车保有量（万辆）	10.3686	20
驾驶人	2016 年	机动车驾驶人数量（人）	5438651	5
	2016 年	汽车驾驶人数量（人）	4096538	6
交通管理执法	2016 年	纠正违法数量	5698499	8
	2016 年	机动车违法查处数量	5470550	8
	2016 年	城市道路非现场处罚人次	5008944	8
	2016 年	城市道路现场处罚人次	694682	11
交通安全	2016 年	道路交通事故起数	2544	6
	2016 年	城市道路交通事故起数	1643	7
	2016 年	道路交通事故死亡数量（人）	808	2
	2016 年	道路交通事故受伤数量（人）	2594	7
	2016 年	城市道路交通事故死亡数量（人）	464	2
	2016 年	城市道路交通事故受伤数量（人）	1676	7
	2016 年	十万人口死亡率	5.75	9
	2016 年	万车死亡率	3.33	2

深圳市数据统计及排名　　　　　　附表 3-24

类目	数据年份	指标	数量	排名
城市社会经济	2016 年	GDP（亿元）	19492.6	4
	2016 年	GDP 增长率	9.00%	8
	2016 年	城镇居民可支配收入（元）	48695	7
	2016 年	可支配收入增长率	9.10%	3
	2015 年	轨道交通投资（亿元）	225.63	5
	2015 年	城市交通建设财政固定资产投入（亿元）	279.56	11
	2015 年	建成区面积（km^2）	900	5
	2015 年	市辖区面积（km^2）	1997	27
	2015 年	市域面积（km^2）	1997	35

续表

类目	数据年份	指标	数量	排名
城市社会经济	2016 年	常住人口（万人）	1190.84	7
	2016 年	户籍人口（万人）	354.99	28
城市道路	2015 年	城市道路里程（km）	6447	6
	2015 年	城市道路面积（万 m²）	11838	5
	2015 年	道路网密度（km/km²）	7.16	12
	2015 年	人均道路面积（m²/人）	9.94	8
	2015 年	车均道路面积（m²/辆）	37.6	19
城市地面公共交通	2016 年	城市公共汽电车运营车辆数（辆）	18899	3
	2016 年	公共汽电车运营线路长度（km）	21177	2
	2016 年	公共汽电车客运量（亿人次）	18.68	5
	2016 年	公共汽电车车均站场面积（m²/标台）	125.3	11
	2016 年	公交专用车道（km）	479	2
城市轨道交通	2016 年	轨道交通日均客流量（万人次）	355.38	4
	2016 年	轨道交通里程（km）	285	4
城市出租车	2016 年	出租车数量（辆）	17842	9
	2016 年	千人人均出租车数量（辆）	1.498	20
	2016 年	每辆车年运营里程（万 km/车）	14.4	4
机动车	2016 年	机动车保有量（万辆）	326.4	5
	2016 年	机动车增长率	0.9%	30
	2016 年	千人机动车保有量（辆）	274.1	17
汽车	2016 年	汽车保有量（万辆）	317.6	5
	2016 年	汽车增长率	0.92%	35
	2016 年	千人汽车保有量（辆）	266.7	10
摩托车	2016 年	摩托车保有量（万辆）	0.6220	33
驾驶人	2016 年	机动车驾驶人数量（人）	3866023	10
	2016 年	汽车驾驶人数量（人）	3618914	10
交通管理执法	2016 年	纠正违法数量	3573000	18
	2016 年	机动车违法查处数量	3482065	18
	2016 年	城市道路非现场处罚人次	3053531	18
	2016 年	城市道路现场处罚人次	549098	16

续表

类目	数据年份	指标	数量	排名
交通安全	2016 年	道路交通事故起数	1331	18
	2016 年	城市道路交通事故起数	1254	10
	2016 年	道路交通事故死亡数量（人）	407	15
	2016 年	道路交通事故受伤数量（人）	1008	21
	2016 年	城市道路交通事故死亡数量（人）	355	4
	2016 年	城市道路交通事故受伤数量（人）	944	16
	2016 年	十万人口死亡率	3.42	25
	2016 年	万车死亡率	1.26	28

南宁市数据统计及排名　　　　　　　　　**附表 3-25**

类目	数据年份	指标	数量	排名
城市社会经济	2016 年	GDP（亿元）	3703.39	27
	2016 年	GDP 增长率	7.00%	31
	2016 年	城镇居民可支配收入（元）	30728	28
	2016 年	可支配收入增长率	7.70%	27
	2015 年	轨道交通投资（亿元）	94.91	15
	2015 年	城市交通建设财政固定资产投入（亿元）	281.04	10
	2015 年	建成区面积（km^2）	287.4	29
	2015 年	市辖区面积（km^2）	6559	9
	2015 年	市域面积（km^2）	22235	4
	2016 年	常住人口（万人）	706.22	23
	2016 年	户籍人口（万人）	740.23	14
城市道路	2015 年	城市道路里程（km）	1562	29
	2015 年	城市道路面积（万 m^2）	4105	24
	2015 年	道路网密度（km/km^2）	5.43	23
	2015 年	人均道路面积（m^2/人）	5.81	25
	2015 年	车均道路面积（m^2/辆）	40.6	17
城市地面公共交通	2016 年	城市公共汽电车运营车辆数（辆）	4544	27
	2016 年	公共汽电车运营线路长度（km）	3802	26
	2016 年	公共汽电车客运量（亿人次）	4.43	28

续表

类目	数据年份	指标	数量	排名
城市地面公共交通	2016 年	公共汽电车车均站场场面积（m²/标台）	144.8	7
	2016 年	公交专用车道（km）	47	28
城市轨道交通	2016 年	轨道交通日均客流量（万人次）	1.76	22
	2016 年	轨道交通里程（km）	32.1	20
城市出租车	2016 年	出租车数量（辆）	6820	27
	2016 年	千人人均出租车数量（辆）	0.966	31
	2016 年	每辆车年运营里程（万 km/车）	9.69	30
机动车	2016 年	机动车保有量（万辆）	167.0	20
	2016 年	机动车增长率	-0.4%	32
	2016 年	千人机动车保有量（辆）	236.5	24
汽车	2016 年	汽车保有量（万辆）	115.7	25
	2016 年	汽车增长率	14.34%	15
	2016 年	千人汽车保有量（辆）	163.8	30
摩托车	2016 年	摩托车保有量（万辆）	57.8868	2
驾驶人	2016 年	机动车驾驶人数量（人）	2589685	21
	2016 年	汽车驾驶人数量（人）	1733753	26
交通管理执法	2016 年	纠正违法数量	1004282	32
	2016 年	机动车违法查处数量	932364	32
	2016 年	城市道路非现场处罚人次	678959	32
	2016 年	城市道路现场处罚人次	833338	7
交通安全	2016 年	道路交通事故起数	760	26
	2016 年	城市道路交通事故起数	432	28
	2016 年	道路交通事故死亡数量（人）	364	17
	2016 年	道路交通事故受伤数量（人）	807	26
	2016 年	城市道路交通事故死亡数量（人）	137	22
	2016 年	城市道路交通事故受伤数量（人）	429	28
	2016 年	十万人口死亡率	5.15	15
	2016 年	万车死亡率	2.09	16

<h3 style="text-align:center">海口市数据统计及排名　　　　附表 3-26</h3>

类目	数据年份	指标	数量	排名
城市社会经济	2016 年	GDP（亿元）	1257.67	34
	2016 年	GDP 增长率	7.70%	24
	2016 年	城镇居民可支配收入（元）	30775	27
	2016 年	可支配收入增长率	7.90%	24
	2015 年	轨道交通投资（亿元）	0	29
	2015 年	城市交通建设财政固定资产投入（亿元）	76.09	28
	2015 年	建成区面积（km²）	152.4	34
	2015 年	市辖区面积（km²）	2304	24
	2015 年	市域面积（km²）	2304	34
	2016 年	常住人口（万人）	224.6	34
	2016 年	户籍人口（万人）	164.80	35
城市道路	2015 年	城市道路里程（km）	1162	32
	2015 年	城市道路面积（万 m²）	2579	32
	2015 年	道路网密度（km/km²）	7.62	9
	2015 年	人均道路面积（m²/人）	11.48	4
	2015 年	车均道路面积（m²/辆）	48.8	11
城市地面公共交通	2016 年	城市公共汽电车运营车辆数（辆）	1836	35
	2016 年	公共汽电车运营线路长度（km）	2411	31
	2016 年	公共汽电车客运量（亿人次）	2.95	35
	2016 年	公共汽电车车均站场面积（m²/标台）	50.7	31
	2016 年	公交专用车道（km）	25	30
城市轨道交通	2016 年	轨道交通日均客流量（万人次）	0	25
	2016 年	轨道交通里程（km）	0	25
城市出租车	2016 年	出租车数量（辆）	2680	35
	2016 年	千人人均出租车数量（辆）	1.193	26
	2016 年	每辆车年运营里程（万 km/车）	15.18	3
机动车	2016 年	机动车保有量（万辆）	75.6	33
	2016 年	机动车增长率	11.2%	9
	2016 年	千人机动车保有量（辆）	336.6	3

续表

类目	数据年份	指标	数量	排名
汽车	2016年	汽车保有量（万辆）	62.5	34
	2016年	汽车增长率	18.16%	2
	2016年	千人汽车保有量（辆）	278.3	6
摩托车	2016年	摩托车保有量（万辆）	4.9354	25
驾驶人	2016年	机动车驾驶人数量（人）	884818	33
	2016年	汽车驾驶人数量（人）	673721	34
交通管理执法	2016年	纠正违法数量	622701	34
	2016年	机动车违法查处数量	595640	34
	2016年	城市道路非现场处罚人次	472525	33
	2016年	城市道路现场处罚人次	246711	28
交通安全	2016年	道路交通事故起数	672	29
	2016年	城市道路交通事故起数	521	25
	2016年	道路交通事故死亡数量（人）	133	33
	2016年	道路交通事故受伤数量（人）	757	28
	2016年	城市道路交通事故死亡数量（人）	69	31
	2016年	城市道路交通事故受伤数量（人）	600	23
	2016年	十万人口死亡率	5.92	7
	2016年	万车死亡率	1.97	18

重庆市数据统计及排名　　　　　　　　　　附表 3-27

类目	数据年份	指标	数量	排名
城市社会经济	2016年	GDP（亿元）	17558.76	6
	2016年	GDP增长率	10.70%	3
	2016年	城镇居民可支配收入（元）	29610	34
	2016年	可支配收入增长率	8.70%	10
	2015年	轨道交通投资（亿元）	227.58	4
	2015年	城市交通建设财政固定资产投入（亿元）	542.18	2
	2015年	建成区面积（km^2）	1329.45	2
	2015年	市辖区面积（km^2）	34505	1
	2015年	市域面积（km^2）	82374	1

类目	数据年份	指标	数量	排名
城市社会经济	2016 年	常住人口（万人）	3048.43	1
	2016 年	户籍人口（万人）	3371.84	1
城市道路	2015 年	城市道路里程（km）	7712	3
	2015 年	城市道路面积（万 m²）	16128	1
	2015 年	道路网密度（km/km²）	5.80	19
	2015 年	人均道路面积（m²/人）	5.29	29
	2015 年	车均道路面积（m²/辆）	57.8	5
城市地面公共交通	2016 年	城市公共汽电车运营车辆数（辆）	13557	7
	2016 年	公共汽电车运营线路长度（km）	14352	6
	2016 年	公共汽电车客运量（亿人次）	25.03	2
	2016 年	公共汽电车车均站场面积（m²/标台）	41.5	33
	2016 年	公交专用车道（km）	0	34
城市轨道交通	2016 年	轨道交通日均客流量（万人次）	189.98	7
	2016 年	轨道交通里程（km）	213.3	6
城市出租车	2016 年	出租车数量（辆）	21100	5
	2016 年	千人人均出租车数量（辆）	0.692	35
	2016 年	每辆车年运营里程（万 km/车）	16.02	2
机动车	2016 年	机动车保有量（万辆）	521.6	2
	2016 年	机动车增长率	10.5%	10
	2016 年	千人机动车保有量（辆）	171.1	34
汽车	2016 年	汽车保有量（万辆）	328.1	3
	2016 年	汽车增长率	17.60%	3
	2016 年	千人汽车保有量（辆）	107.6	36
摩托车	2016 年	摩托车保有量（万辆）	178.3455	1
驾驶人	2016 年	机动车驾驶人数量（人）	8554033	2
	2016 年	汽车驾驶人数量（人）	5861667	3
交通管理执法	2016 年	纠正违法数量	7167870	6
	2016 年	机动车违法查处数量	6764684	6
	2016 年	城市道路非现场处罚人次	6255353	5
	2016 年	城市道路现场处罚人次	1202276	4

续表

类目	数据年份	指标	数量	排名
交通安全	2016 年	道路交通事故起数	2685	5
	2016 年	城市道路交通事故起数	1691	6
	2016 年	道路交通事故死亡数量（人）	611	7
	2016 年	道路交通事故受伤数量（人）	3312	2
	2016 年	城市道路交通事故死亡数量（人）	342	6
	2016 年	城市道路交通事故受伤数量（人）	1905	3
	2016 年	十万人口死亡率	2.00	35
	2016 年	万车死亡率	1.20	30

成都市数据统计及排名　　　　　附表 3-28

类目	数据年份	指标	数量	排名
城市社会经济	2016 年	GDP（亿元）	12170.23	7
	2016 年	GDP 增长率	7.70%	24
	2016 年	城镇居民可支配收入（元）	35902	18
	2016 年	可支配收入增长率	8.10%	20
	2015 年	轨道交通投资（亿元）	196.37	7
	2015 年	城市交通建设财政固定资产投入（亿元）	320.03	7
	2015 年	建成区面积（km²）	615.71	8
	2015 年	市辖区面积（km²）	3240	18
	2015 年	市域面积（km²）	12121	16
	2016 年	常住人口（万人）	1591.8	4
	2016 年	户籍人口（万人）	1228.05	4
城市道路	2015 年	城市道路里程（km）	2739	17
	2015 年	城市道路面积（万 m²）	7710	13
	2015 年	道路网密度（km/km²）	4.45	32
	2015 年	人均道路面积（m²/人）	4.84	32
	2015 年	车均道路面积（m²/辆）	21.1	34
城市地面公共交通	2016 年	城市公共汽电车运营车辆数（辆）	13899	6
	2016 年	公共汽电车运营线路长度（km）	8347	12
	2016 年	公共汽电车客运量（亿人次）	15.51	6

261

续表

类目	数据年份	指标	数量	排名
城市地面公共交通	2016 年	公共汽电车车均站场面积（m²/标台）	84.8	21
	2016 年	公交专用车道（km）	431.8	4
城市轨道交通	2016 年	轨道交通日均客流量（万人次）	154.02	8
	2016 年	轨道交通里程（km）	105.5	10
城市出租车	2016 年	出租车数量（辆）	13496	13
	2016 年	千人人均出租车数量（辆）	0.848	32
	2016 年	每辆车年运营里程（万 km/车）	11.89	19
机动车	2016 年	机动车保有量（万辆）	464.4	3
	2016 年	机动车增长率	8.7%	15
	2016 年	千人机动车保有量（辆）	291.8	10
汽车	2016 年	汽车保有量（万辆）	412.5	2
	2016 年	汽车增长率	12.63%	23
	2016 年	千人汽车保有量（辆）	259.1	14
摩托车	2016 年	摩托车保有量（万辆）	51.1743	3
驾驶人	2016 年	机动车驾驶人数量（人）	6729379	4
	2016 年	汽车驾驶人数量（人）	5586704	4
交通管理执法	2016 年	纠正违法数量	7977105	3
	2016 年	机动车违法查处数量	7918247	3
	2016 年	城市道路非现场处罚人次	6926547	4
	2016 年	城市道路现场处罚人次	1054155	5
交通安全	2016 年	道路交通事故起数	1838	12
	2016 年	城市道路交通事故起数	1148	12
	2016 年	道路交通事故死亡数量（人）	668	5
	2016 年	道路交通事故受伤数量（人）	1527	14
	2016 年	城市道路交通事故死亡数量（人）	385	3
	2016 年	城市道路交通事故受伤数量（人）	898	17
	2016 年	十万人口死亡率	4.20	22
	2016 年	万车死亡率	1.44	24

贵阳市数据统计及排名　　　　　附表 3-29

类目	数据年份	指标	数量	排名
城市社会经济	2016 年	GDP（亿元）	3157.7	29
	2016 年	GDP 增长率	11.70%	2
	2016 年	城镇居民可支配收入（元）	29502	35
	2016 年	可支配收入增长率	8.30%	15
	2015 年	轨道交通投资（亿元）	68.88	18
	2015 年	城市交通建设财政固定资产投入（亿元）	318.68	8
	2015 年	建成区面积（km²）	299	28
	2015 年	市辖区面积（km²）	2525	21
	2015 年	市域面积（km²）	8043	25
	2016 年	常住人口（万人）	469.68	27
	2016 年	户籍人口（万人）	391.79	26
城市道路	2015 年	城市道路里程（km）	1307	30
	2015 年	城市道路面积（万 m²）	2645	31
	2015 年	道路网密度（km/km²）	4.37	33
	2015 年	人均道路面积（m²/人）	5.63	26
	2015 年	车均道路面积（m²/辆）	31.4	26
城市地面公共交通	2016 年	城市公共汽电车运营车辆数（辆）	3812	29
	2016 年	公共汽电车运营线路长度（km）	4412	24
	2016 年	公共汽电车客运量（亿人次）	5.97	25
	2016 年	公共汽电车车均站场面积（m²/标台）	93.9	17
	2016 年	公交专用车道（km）	13.4	32
城市轨道交通	2016 年	轨道交通日均客流量（万人次）	0	25
	2016 年	轨道交通里程（km）	0	25
城市出租车	2016 年	出租车数量（辆）	8034	24
	2016 年	千人人均出租车数量（辆）	1.711	13
	2016 年	每辆车年运营里程（万 km/车）	9.81	29
机动车	2016 年	机动车保有量（万辆）	126.1	28
	2016 年	机动车增长率	7.4%	19
	2016 年	千人机动车保有量（辆）	268.5	18

续表

类目	数据年份	指标	数量	排名
汽车	2016 年	汽车保有量（万辆）	91.7	29
	2016 年	汽车增长率	8.93%	31
	2016 年	千人汽车保有量（辆）	195.2	26
摩托车	2016 年	摩托车保有量（万辆）	27.3021	10
驾驶人	2016 年	机动车驾驶人数量（人）	1820319	27
	2016 年	汽车驾驶人数量（人）	1548952	27
交通管理执法	2016 年	纠正违法数量	2976152	23
	2016 年	机动车违法查处数量	2964914	23
	2016 年	城市道路非现场处罚人次	2168050	24
	2016 年	城市道路现场处罚人次	1008862	6
交通安全	2016 年	道路交通事故起数	110	35
	2016 年	城市道路交通事故起数	81	35
	2016 年	道路交通事故死亡数量（人）	139	31
	2016 年	道路交通事故受伤数量（人）	1494	16
	2016 年	城市道路交通事故死亡数量（人）	54	33
	2016 年	城市道路交通事故受伤数量（人）	105	34
	2016 年	十万人口死亡率	2.96	30
	2016 年	万车死亡率	1.17	32

昆明市数据统计及排名　　　　附表 3-30

类目	数据年份	指标	数量	排名
城市社会经济	2016 年	GDP（亿元）	4300.43	25
	2016 年	GDP 增长率	8.50%	11
	2016 年	城镇居民可支配收入（元）	36739	17
	2016 年	可支配收入增长率	8.20%	17
	2015 年	轨道交通投资（亿元）	74.18	16
	2015 年	城市交通建设财政固定资产投入（亿元）	122.48	21
	2015 年	建成区面积（km²）	420.5	18
	2015 年	市辖区面积（km²）	3842	14
	2015 年	市域面积（km²）	18419	6

续表

类目	数据年份	指标	数量	排名
城市社会 经济	2016 年	常住人口（万人）	672.8	25
	2016 年	户籍人口（万人）	555.57	24
城市道路	2015 年	城市道路里程（km）	2222	20
	2015 年	城市道路面积（万 m²）	4902	19
	2015 年	道路网密度（km/km²）	5.28	25
	2015 年	人均道路面积（m²/人）	7.29	20
	2015 年	车均道路面积（m²/辆）	28.4	29
城市地面 公共交通	2016 年	城市公共汽电车运营车辆数（辆）	7832	16
	2016 年	公共汽电车运营线路长度（km）	12855	8
	2016 年	公共汽电车客运量（亿人次）	8.84	18
	2016 年	公共汽电车车均站场面积（m²/标台）	92.6	18
	2016 年	公交专用车道（km）	95	22
城市轨道 交通	2016 年	轨道交通日均客流量（万人次）	24.17	17
	2016 年	轨道交通里程（km）	46.3	17
城市 出租车	2016 年	出租车数量（辆）	8187	23
	2016 年	千人人均出租车数量（辆）	1.217	24
	2016 年	每辆车年运营里程（万 km/车）	9.04	32
机动车	2016 年	机动车保有量（万辆）	224.9	17
	2016 年	机动车增长率	5.6%	25
	2016 年	千人机动车保有量（辆）	334.2	4
汽车	2016 年	汽车保有量（万辆）	193.8	16
	2016 年	汽车增长率	12.09%	24
	2016 年	千人汽车保有量（辆）	288.0	4
摩托车	2016 年	摩托车保有量（万辆）	32.7632	4
驾驶人	2016 年	机动车驾驶人数量（人）	3149257	16
	2016 年	汽车驾驶人数量（人）	2508513	18
交通管理 执法	2016 年	纠正违法数量	3652777	15
	2016 年	机动车违法查处数量	3568715	15
	2016 年	城市道路非现场处罚人次	2926036	20
	2016 年	城市道路现场处罚人次	749287	8

续表

类目	数据年份	指标	数量	排名
交通安全	2016 年	道路交通事故起数	1728	14
	2016 年	城市道路交通事故起数	1357	9
	2016 年	道路交通事故死亡数量（人）	326	19
	2016 年	道路交通事故受伤数量（人）	1797	12
	2016 年	城市道路交通事故死亡数量（人）	189	15
	2016 年	城市道路交通事故受伤数量（人）	1362	9
	2016 年	十万人口死亡率	4. 85	19
	2016 年	万车死亡率	1. 44	25

拉萨市数据统计及排名　　　　　　　　　　　**附表 3-31**

类目	数据年份	指标	数量	排名
城市社会经济	2016 年	GDP（亿元）	422	36
	2016 年	GDP 增长率	12%	1
	2016 年	城镇居民可支配收入（元）	29968	31
	2016 年	可支配收入增长率	11.40%	1
	2015 年	轨道交通投资（亿元）	0	29
	2015 年	城市交通建设财政固定资产投入（亿元）	11. 02	35
	2015 年	建成区面积（km^2）	90. 72	35
	2015 年	市辖区面积（km^2）	29518	2
	2015 年	市域面积（km^2）	29518	3
	2016 年	常住人口（万人）	90. 25	36
	2016 年	户籍人口（万人）	53. 03	36
城市道路	2015 年	城市道路里程（km）	751	34
	2015 年	城市道路面积（万 m^2）	1541	35
	2015 年	道路网密度（km/km^2）	8. 28	5
	2015 年	人均道路面积（m^2/人）	23. 17	1
	2015 年	车均道路面积（m^2/辆）	95. 5	1
城市地面公共交通	2016 年	城市公共汽电车运营车辆数（辆）	674	36
	2016 年	公共汽电车运营线路长度（km）	667	36
	2016 年	公共汽电车客运量（亿人次）	0. 82	36

续表

类目	数据年份	指标	数量	排名
城市地面公共交通	2016年	公共汽电车车均站场面积（m²/标台）	50.4	32
	2016年	公交专用车道（km）	0	34
城市轨道交通	2016年	轨道交通日均客流量（万人次）	0	25
	2016年	轨道交通里程（km）	0	25
城市出租车	2016年	出租车数量（辆）	1668	36
	2016年	千人人均出租车数量（辆）	2.508	4
	2016年	每辆车年运营里程（万km/车）	19.77	1
机动车	2016年	机动车保有量（万辆）	20.9	36
	2016年	机动车增长率	9.8%	12
	2016年	千人机动车保有量（辆）	393.7	2
汽车	2016年	汽车保有量（万辆）	18.5	36
	2016年	汽车增长率	14.34%	16
	2016年	千人汽车保有量（辆）	348.0	1
摩托车	2016年	摩托车保有量（万辆）	1.4843	30
驾驶人	2016年	机动车驾驶人数量（人）	120001	36
	2016年	汽车驾驶人数量（人）	112052	36
交通管理执法	2016年	纠正违法数量	259850	36
	2016年	机动车违法查处数量	249085	36
	2016年	城市道路非现场处罚人次	179886	36
	2016年	城市道路现场处罚人次	94509	35
交通安全	2016年	道路交通事故起数	54	36
	2016年	城市道路交通事故起数	54	36
	2016年	道路交通事故死亡数量（人）	7	36
	2016年	道路交通事故受伤数量（人）	58	36
	2016年	城市道路交通事故死亡数量（人）	7	36
	2016年	城市道路交通事故受伤数量（人）	58	36
	2016年	十万人口死亡率	1.32	36
	2016年	万车死亡率	0.35	36

267

西安市数据统计及排名　　　　　　附表 3-32

类目	数据年份	指标	数量	排名
城市社会经济	2016 年	GDP（亿元）	6257.18	19
	2016 年	GDP 增长率	8.50%	11
	2016 年	城镇居民可支配收入（元）	35630	19
	2016 年	可支配收入增长率	7.40%	30
	2015 年	轨道交通投资（亿元）	0	29
	2015 年	城市交通建设财政固定资产投入（亿元）	158.09	18
	2015 年	建成区面积（km²）	500.59	13
	2015 年	市辖区面积（km²）	3874	13
	2015 年	市域面积（km²）	10097	21
	2016 年	常住人口（万人）	883.21	14
	2016 年	户籍人口（万人）	815.66	10
城市道路	2015 年	城市道路里程（km）	3323	13
	2015 年	城市道路面积（万 m²）	7747	12
	2015 年	道路网密度（km/km²）	6.64	15
	2015 年	人均道路面积（m²/人）	8.77	14
	2015 年	车均道路面积（m²/辆）	35.4	23
城市地面公共交通	2016 年	城市公共汽电车运营车辆数（辆）	9018	14
	2016 年	公共汽电车运营线路长度（km）	6398	14
	2016 年	公共汽电车客运量（亿人次）	14.71	9
	2016 年	公共汽电车车均站场面积（m²/标台）	85.7	20
	2016 年	公交专用车道（km）	238.8	10
城市轨道交通	2016 年	轨道交通日均客流量（万人次）	111.82	9
	2016 年	轨道交通里程（km）	89	11
城市出租车	2016 年	出租车数量（辆）	13812	11
	2016 年	千人人均出租车数量（辆）	1.564	19
	2016 年	每辆车年运营里程（万 km/车）	14.1	7
机动车	2016 年	机动车保有量（万辆）	260.1	8
	2016 年	机动车增长率	8.1%	16
	2016 年	千人机动车保有量（辆）	294.5	9

续表

类目	数据年份	指标	数量	排名
汽车	2016 年	汽车保有量（万辆）	244.2	8
	2016 年	汽车增长率	11.56%	27
	2016 年	千人汽车保有量（辆）	276.5	7
摩托车	2016 年	摩托车保有量（万辆）	11.9796	19
驾驶人	2016 年	机动车驾驶人数量（人）	3816054	11
	2016 年	汽车驾驶人数量（人）	3656262	8
交通管理执法	2016 年	纠正违法数量	5141045	9
	2016 年	机动车违法查处数量	5024589	9
	2016 年	城市道路非现场处罚人次	4905560	9
	2016 年	城市道路现场处罚人次	242540	30
交通安全	2016 年	道路交通事故起数	2942	4
	2016 年	城市道路交通事故起数	1990	3
	2016 年	道路交通事故死亡数量（人）	477	12
	2016 年	道路交通事故受伤数量（人）	3019	4
	2016 年	城市道路交通事故死亡数量（人）	238	9
	2016 年	城市道路交通事故受伤数量（人）	2054	2
	2016 年	十万人口死亡率	5.40	13
	2016 年	万车死亡率	1.86	19

兰州市数据统计及排名　　　　附表 3-33

类目	数据年份	指标	数量	排名
城市社会经济	2016 年	GDP（亿元）	2264.23	32
	2016 年	GDP 增长率	8.30%	15
	2016 年	城镇居民可支配收入（元）	29661	32
	2016 年	可支配收入增长率	9.50%	2
	2015 年	轨道交通投资（亿元）	33.15	25
	2015 年	城市交通建设财政固定资产投入（亿元）	204.18	15
	2015 年	建成区面积（km^2）	305.28	27
	2015 年	市辖区面积（km^2）	1632	32
	2015 年	市域面积（km^2）	13086	11

续表

类目	数据年份	指标	数量	排名
城市社会经济	2016 年	常住人口（万人）	370.55	30
	2016 年	户籍人口（万人）	321.90	29
城市道路	2015 年	城市道路里程（km）	1584	28
	2015 年	城市道路面积（万 m²）	4035	25
	2015 年	道路网密度（km/km²）	5.19	27
	2015 年	人均道路面积（m²/人）	10.89	6
	2015 年	车均道路面积（m²/辆）	64.5	3
城市地面公共交通	2016 年	城市公共汽电车运营车辆数（辆）	3233	30
	2016 年	公共汽电车运营线路长度（km）	1769	34
	2016 年	公共汽电车客运量（亿人次）	7.86	20
	2016 年	公共汽电车车均站场面积（m²/标台）	74.2	25
	2016 年	公交专用车道（km）	8.9	33
城市轨道交通	2016 年	轨道交通日均客流量（万人次）	0	25
	2016 年	轨道交通里程（km）	0	25
城市出租车	2016 年	出租车数量（辆）	9853	19
	2016 年	千人人均出租车数量（辆）	2.659	3
	2016 年	每辆车年运营里程（万 km/车）	11.4	21
机动车	2016 年	机动车保有量（万辆）	94.0	31
	2016 年	机动车增长率	11.6%	8
	2016 年	千人机动车保有量（辆）	253.7	22
汽车	2016 年	汽车保有量（万辆）	73.1	32
	2016 年	汽车增长率	17.01%	4
	2016 年	千人汽车保有量（辆）	197.4	24
摩托车	2016 年	摩托车保有量（万辆）	17.0222	13
驾驶人	2016 年	机动车驾驶人数量（人）	1076304	31
	2016 年	汽车驾驶人数量（人）	932510	31
交通管理执法	2016 年	纠正违法数量	1766576	29
	2016 年	机动车违法查处数量	1557062	29
	2016 年	城市道路非现场处罚人次	1502028	27
	2016 年	城市道路现场处罚人次	288243	25

续表

类目	数据年份	指标	数量	排名
交通安全	2016年	道路交通事故起数	713	28
	2016年	城市道路交通事故起数	367	29
	2016年	道路交通事故死亡数量（人）	224	25
	2016年	道路交通事故受伤数量（人）	803	27
	2016年	城市道路交通事故死亡数量（人）	110	26
	2016年	城市道路交通事故受伤数量（人）	378	29
	2016年	十万人口死亡率	6.05	6
	2016年	万车死亡率	2.48	6

西宁市数据统计及排名　　　　　　　　　附表3-34

类目	数据年份	指标	数量	排名
城市社会经济	2016年	GDP（亿元）	1248.16	35
	2016年	GDP增长率	9.80%	4
	2016年	城镇居民可支配收入（元）	27539	36
	2016年	可支配收入增长率	9.10%	3
	2015年	轨道交通投资（亿元）	0	29
	2015年	城市交通建设财政固定资产投入（亿元）	41.88	34
	2015年	建成区面积（km^2）	90	36
	2015年	市辖区面积（km^2）	477	36
	2015年	市域面积（km^2）	7660	27
	2016年	常住人口（万人）	233.37	33
	2016年	户籍人口（万人）	201.17	33
城市道路	2015年	城市道路里程（km）	512	36
	2015年	城市道路面积（万m^2）	960	36
	2015年	道路网密度（km/km^2）	5.69	22
	2015年	人均道路面积（m^2/人）	4.11	34
	2015年	车均道路面积（m^2/辆）	23.3	33
城市地面公共交通	2016年	城市公共汽电车运营车辆数（辆）	2099	34
	2016年	公共汽电车运营线路长度（km）	1420	35
	2016年	公共汽电车客运量（亿人次）	3.58	33

续表

类目	数据年份	指标	数量	排名
城市地面公共交通	2016 年	公共汽电车车均站场面积（m²/标台）	61.5	30
	2016 年	公交专用车道（km）	0	34
城市轨道交通	2016 年	轨道交通日均客流量（万人次）	0	25
	2016 年	轨道交通里程（km）	0	25
城市出租车	2016 年	出租车数量（辆）	5666	31
	2016 年	千人人均出租车数量（辆）	2.428	6
	2016 年	每辆车年运营里程（万 km/车）	11.18	23
机动车	2016 年	机动车保有量（万辆）	57.8	35
	2016 年	机动车增长率	14.7%	2
	2016 年	千人机动车保有量（辆）	247.6	23
汽车	2016 年	汽车保有量（万辆）	47.8	35
	2016 年	汽车增长率	15.88%	8
	2016 年	千人汽车保有量（辆）	204.8	23
摩托车	2016 年	摩托车保有量（万辆）	1.0654	31
驾驶人	2016 年	机动车驾驶人数量（人）	614139	35
	2016 年	汽车驾驶人数量（人）	568918	35
交通管理执法	2016 年	纠正违法数量	468736	35
	2016 年	机动车违法查处数量	459381	35
	2016 年	城市道路非现场处罚人次	367038	34
	2016 年	城市道路现场处罚人次	101254	34
交通安全	2016 年	道路交通事故起数	357	33
	2016 年	城市道路交通事故起数	241	32
	2016 年	道路交通事故死亡数量（人）	138	32
	2016 年	道路交通事故受伤数量（人）	359	32
	2016 年	城市道路交通事故死亡数量（人）	64	32
	2016 年	城市道路交通事故受伤数量（人）	214	31
	2016 年	十万人口死亡率	5.91	8
	2016 年	万车死亡率	2.81	3

银川市数据统计及排名　　　附表 3-35

类目	数据年份	指标	数量	排名
城市社会经济	2016 年	GDP（亿元）	1617.28	33
	2016 年	GDP 增长率	8.10%	17
	2016 年	城镇居民可支配收入（元）	30478	29
	2016 年	可支配收入增长率	7.80%	26
	2015 年	轨道交通投资（亿元）	0	29
	2015 年	城市交通建设财政固定资产投入（亿元）	4.81	36
	2015 年	建成区面积（km²）	166.82	33
	2015 年	市辖区面积（km²）	2311	23
	2015 年	市域面积（km²）	9025	23
	2016 年	常住人口（万人）	219.11	35
	2016 年	户籍人口（万人）	179.23	34
城市道路	2015 年	城市道路里程（km）	616	35
	2015 年	城市道路面积（万 m²）	1898	34
	2015 年	道路网密度（km/km²）	3.69	35
	2015 年	人均道路面积（m²/人）	8.66	15
	2015 年	车均道路面积（m²/辆）	32.8	25
城市地面公共交通	2016 年	城市公共汽电车运营车辆数（辆）	2246	33
	2016 年	公共汽电车运营线路长度（km）	2230	32
	2016 年	公共汽电车客运量（亿人次）	3.10	34
	2016 年	公共汽电车车均站场面积（m²/标台）	196.8	3
	2016 年	公交专用车道（km）	75	23
城市轨道交通	2016 年	轨道交通日均客流量（万人次）	0	25
	2016 年	轨道交通里程（km）	0	25
城市出租车	2016 年	出租车数量（辆）	4930	33
	2016 年	千人人均出租车数量（辆）	2.250	7
	2016 年	每辆车年运营里程（万 km/车）	10.62	26
机动车	2016 年	机动车保有量（万辆）	71.0	34
	2016 年	机动车增长率	6.5%	22
	2016 年	千人机动车保有量（辆）	324.1	5

续表

类目	数据年份	指标	数量	排名
汽车	2016 年	汽车保有量（万辆）	66.5	33
	2016 年	汽车增长率	14.85%	13
	2016 年	千人汽车保有量（辆）	303.5	2
摩托车	2016 年	摩托车保有量（万辆）	3.8728	27
驾驶人	2016 年	机动车驾驶人数量（人）	816401	34
	2016 年	汽车驾驶人数量（人）	742125	33
交通管理执法	2016 年	纠正违法数量	1199273	30
	2016 年	机动车违法查处数量	1194285	30
	2016 年	城市道路非现场处罚人次	1133560	29
	2016 年	城市道路现场处罚人次	62091	36
交通安全	2016 年	道路交通事故起数	788	24
	2016 年	城市道路交通事故起数	597	21
	2016 年	道路交通事故死亡数量（人）	101	35
	2016 年	道路交通事故受伤数量（人）	942	22
	2016 年	城市道路交通事故死亡数量（人）	49	35
	2016 年	城市道路交通事故受伤数量（人）	700	20
	2016 年	十万人口死亡率	4.61	20
	2016 年	万车死亡率	1.42	26

乌鲁木齐市数据统计及排名　　　　附表 3-36

类目	数据年份	指标	数量	排名
城市社会经济	2016 年	GDP（亿元）	2458.98	31
	2016 年	GDP 增长率	7.60%	27
	2016 年	城镇居民可支配收入（元）	34190	22
	2016 年	可支配收入增长率	8.20%	17
	2015 年	轨道交通投资（亿元）	0	29
	2015 年	城市交通建设财政固定资产投入（亿元）	133.64	19
	2015 年	建成区面积（km²）	429.96	17
	2015 年	市辖区面积（km²）	9596	6
	2015 年	市域面积（km²）	13788	10

续表

类目	数据年份	指标	数量	排名
城市社会经济	2016 年	常住人口（万人）	351.96	31
	2016 年	户籍人口（万人）	266.83	30
城市道路	2015 年	城市道路里程（km）	2237	19
	2015 年	城市道路面积（万 m²）	3224	28
	2015 年	道路网密度（km/km²）	5.20	26
	2015 年	人均道路面积（m²/人）	9.16	11
	2015 年	车均道路面积（m²/辆）	40.6	16
城市地面公共交通	2016 年	城市公共汽电车运营车辆数（辆）	6104	22
	2016 年	公共汽电车运营线路长度（km）	3175	30
	2016 年	公共汽电车客运量（亿人次）	8.59	19
	2016 年	公共汽电车车均站场面积（m²/标台）	88.6	19
	2016 年	公交专用车道（km）	121	19
城市轨道交通	2016 年	轨道交通日均客流量（万人次）	0	25
	2016 年	轨道交通里程（km）	0	25
城市出租车	2016 年	出租车数量（辆）	12338	14
	2016 年	千人人均出租车数量（辆）	3.506	1
	2016 年	每辆车年运营里程（万 km/车）	13.73	9
机动车	2016 年	机动车保有量（万辆）	101.1	30
	2016 年	机动车增长率	14.2%	4
	2016 年	千人机动车保有量（辆）	287.2	11
汽车	2016 年	汽车保有量（万辆）	91.7	28
	2016 年	汽车增长率	15.57%	10
	2016 年	千人汽车保有量（辆）	260.6	12
摩托车	2016 年	摩托车保有量（万辆）	1.0447	32
驾驶人	2016 年	机动车驾驶人数量（人）	985624	32
	2016 年	汽车驾驶人数量（人）	927444	32
交通管理执法	2016 年	纠正违法数量	887283	33
	2016 年	机动车违法查处数量	833027	33
	2016 年	城市道路非现场处罚人次	287262	35
	2016 年	城市道路现场处罚人次	724522	10

类目	数据年份	指标	数量	排名
交通安全	2016 年	道路交通事故起数	588	31
	2016 年	城市道路交通事故起数	492	26
	2016 年	道路交通事故死亡数量（人）	172	29
	2016 年	道路交通事故受伤数量（人）	696	30
	2016 年	城市道路交通事故死亡数量（人）	127	25
	2016 年	城市道路交通事故受伤数量（人）	574	24
	2016 年	十万人口死亡率	4.89	18
	2016 年	万车死亡率	1.84	20